為什麼要
聽你說？

商務會議、學生報告、業務成交
的最佳簡報心法！

企業簡報高手
林宜璟

著

各界菁英一致推薦

毛仁傑　禮正投顧　總經理

朱士廷　國泰綜合證券股份有限公司　董事長

周佳蓉　南山人壽慈善基金會　執行長

胡開昌　納智捷汽車股份有限公司　總經理

徐善可　中華民國創業投資商業同業公會　副理事長

黃鼎翎　先勢行銷傳播集團　執行長

黃河明　悅智全球顧問公司董事長暨創辦人

張德明　黃金階梯知識行銷股份有限公司　董事長

張榮語　清華大學教授／科盛科技股份有限公司總顧問

楊裕德　艾訊股份有限公司　董事長

（按姓氏筆劃排序）

掌握難得的表現機會
展現能力

推薦序

　　宜璟是我在台大商研所的同班同學，研一時一起參加辯論賽，在台上的他就能以詼諧的語氣，直接畫龍點睛地闡述辯題。私底下的聚會，更是能製造幽默的話題，讓同學們興致高昂的參與。這種受人歡迎、吸引目光又能啟發思考的表現，或許很多人認為是天生遺傳，個性使然，根本學不來。不過，事實並非如此。後天的練習只要掌握訣竅，同樣可以讓自己成為台上的明星，每個人聽你說話，津津有味。

　　宜璟不藏私地將他的多年簡報絕活，大方地公布出來。這本書不是學校老師用理論式地教導學生，應該如何做的刻板教材。它是融合了多年實務經驗，投入職場競爭，立即可以發揮功效的實用好書。

　　事前充分準備，簡報時運用小心機，讓眾人聽得如癡如醉又點頭買單，這不是歐巴馬或賈伯斯的專利。熟讀這本書，更重要是照著宜璟提供的務實步驟，重複練習，一定會讓自己的簡報功力大增。職場很現實，掌握難得的表現機會展現能力，是個人升遷或產品銷售的重要關鍵。花一點小錢，買一本秘笈，練終身功力，賺更多的錢，何樂而不為呢？

毛仁傑

禮正投顧 總經理

在體驗經濟掛帥的時代，
讓別人知道你有多好，
與你真的有多少實力同等重要！

　　在科技業與顧問生涯交織的 25 年歲月中，觀察到許多優秀的朋友空有一身本領，但卻無法以簡馭繁，將他的想法以淺近生動的方式呈現出來，讓老闆及顧客充分了解，導致在職場生涯未如預期般的「卓越」。

　　溝通是影響別人對你認知的關鍵，而簡報技巧良好的人往往溝通也沒有問題。何況「簡報」絕不只是在台上報告而已，它更是人格特質的呈現。當身為簡報者的你發現人們也藉此機會對你品頭論足時，你怎麼可能不慎重以對？

　　總結本人多年從事影響力顧問的經驗，若要用兩句話陳述簡報的重要原則，其一必為：「信你所傳、傳你所信」——只有簡報者在充分熟悉內容並說服自己的情況下，才會有

最佳的表現。另一個重要原則，在此引用羅馬哲人希賽羅的智慧：「在說服我之前，你必須想我所想，感受我的感覺，並且說我的話語。」

　　本書作者宜璟是我在 HP 任職時的優秀同事，經歷多家知名企業高階主管職的歷練後，近年他更轉向從事綠色的企業顧問及講師事業，幫助了多少人來重新詮釋自己人生的價值。宜璟向來文筆超群口才辯給，在各個崗位上均有水準以上的演出。拜讀此書原稿後，只能感嘆相見恨晚。本書內容不僅跟我強調的簡報原則不謀而合，更是坊間難覓的實務秘笈。本人樂於推薦本書給有心發揮更大影響力，為美好世界盡力的朋友們！

張德明

黃金階梯知識行銷股份有限公司董事長

想得清楚、說得明白，
績效自然來

　　領導與管理工作中很重要的一部分工作是要引導團隊向共同的目標邁進。為了讓團隊充分了解組織的使命和目標，領導者要激勵與團隊成員溝通，並激發他們的工作熱情。

　　我從事管理工作多年，深深體會溝通是組織運作的靈魂；但也是最常被提起，卻最難被落實的事。

　　溝通有很多形式，簡報是企業內經常使用的一種。我在台灣惠普科技工作時，公司有一門 PHP 的課程，當時是所有惠普員工的必修課。所謂 PHP，就是「Presentation at HP」的縮寫，直接翻譯成中文，意思就是「在惠普簡報」。經由這課程，惠普同仁一方面普遍培養出良好的簡報能力，提高工作時溝通的成效；另一方面，課程中關於溝通、簡報的觀念，

也成為惠普人的共同語言，無形間強化了團隊合作。

　　本書作者宜璟也曾在惠普工作。在書中，我看到了 PHP 的精神脈絡。也很高興看到他用自己的觀點，對簡報這種企業裡大家常做，卻也常掉以輕心的溝通方式，有不同角度的詮釋。在書中我感受到的，其實比單純的簡報技巧還要更豐富些。在我看來，書中的好些觀念，是屬於「商務溝通思維」的層次。是在提醒企業中人，在講之前要先想清楚。在這裡，舉出讓我印象特別深刻的兩點：

1. 簡報的題目不等於目的；簡報的目的＝主詞＋動詞

　　「錯的事不會因為用力做而變對」。成功人士共同的思考習慣是「以終為始」(Begin with the end in mind)。也就是先決定目標後，再以最有效的方法去達成。而不是隨波逐流，一路且戰且走，最後不知所以。我對簡報的看法也是如此。簡報的題目只是告訴別人你打算要說什麼，但真正簡報者要謹記不忘的是「目的」，也就是簡報前、簡報後，我們到底希望聽眾的想法、行為產生什麼樣的改變。

　　這個道理並不複雜，只是常被遺忘。智者說：「人需要被提

醒的次數，遠大於需要被教育的次數。」透過第二章裡，「簡報的目的 = 主詞 + 動詞」，這個簡單易記的公式，簡報者可以更容易在每次準備簡報時，找出真正應該放在思想中心的主軸。

這個概念再加以擴大，可以用在其他企業溝通的場合，像是開會。我的經驗裡，很多的會議一樣是有主題，沒目的。比方說會議主題是「品牌再造專案檢討」，但檢討的目的，也就是會議的「產出」究竟是什麼，與會者卻沒有充分了解掌握。這樣的會，很容易就變成會而不議，議而不決。企業如果能養成「以終為始」的溝通習慣，已經是邁進了一大步。

2. 表達問題水準的高低，反應出工作境界的高低

書中第五章提到：
三流員工報告問題 ——有問題、沒分析、沒方案
二流員工分析問題 ——有問題、有分析、沒方案
一流員工解決問題 ——有問題、有分析、有方案

工作不可能沒有問題，也不怕遇到問題，只怕遇到問題時，想不清楚，說不明白。如果遇到問題時都走三流員工的路線，不管三七二十一，先丟給老闆再說，久了不但主管看

到你就頭痛，自己也錯失了寶貴的成長機會，非常可惜。分析和方案都不一定要正確完整，但要在現有的資訊之下，提出能力可及的最佳解決方案。這樣才能發揮自己職位的價值，成為組織可用之人。而這樣的思考磨練，也是企業人成長的不二途徑。

生而為人，一生始終少不了溝通。即使當我們赤裸裸的剛來到這世界時，我們也已經立刻用哭聲和身邊的人對話。近年來品牌管理是我比較專注的領域，而其實品牌的本質，也就是與客戶溝通的平台。

組織本無意識，是組成組織的個人賦與其生命，而其中的每一個人又各懷不同的好惡與考量。要能凝聚眾人，形成團隊的意志與力量，沒有其他，唯賴有效溝通。想得清楚、說得明白，績效自然來！而這一切，做好簡報是個重要的開始。

本書提供管理者和有志從事專業工作者很好的溝通方法和要領，很值得一讀。

黃河明

悅智全球顧問公司董事長暨創辦人

目錄

▌來自未來的一場簡報

這世上要多這一本書？

　　打算寫這本書的時候，曾認真的問自己一個問題：「這世上已經有這麼多關於簡報的書了，這本書還有什麼獨特價值嗎？」這問題我當時並沒有確切的答案，也不敢深究，怕深究了就不敢下筆。只憑著朋友們的鼓勵，說我的簡報課和別人不一樣，讓他們有不同的收穫，一時衝動，就把書給寫完了。

　　智者說：「認識自己，不僅是發現的過程，更是創造的過程」。這些年我教了七百堂左右的簡報課程，對近 3000 人的簡報給予回饋和建議。上面那個問題的答案，就這過程中發現及創造，漸漸有了輪廓。

一個沒有魚兒逆水向上游也勵志的故事

繼續談上面這個問題之前，我要先說一個升官很快的人的故事。

我上課的時候常問學員：「在公司裡，會做事重要，還是會做報告重要？」通常這兩個答案舉手的人大概一半一半。但是舉會做報告比較重要的，舉手時通常帶著詭異的笑容。彷彿他們無意間窺探到了企業的潛規則，黑秘密。你知道的嘛！這年頭會做表面功夫，會做秀，好像還是比老老實實做事得人疼的啦！

但是難道這件事情就沒有其他的答案嗎？當然有，那就是「想著報告去做事」的工作態度。

我有個朋友才四十歲不到，已經在一家世界級的公司做到很高的職位。我這朋友能力本來就強，但是我總覺得他的成就應該不單純只因為一般所謂的「能力強」。我就問他，在這麼競爭激烈的企業裡，有什麼獨到秘訣可讓他平步青雲嗎？以下就是他告訴我的秘密心法。

他說在他們公司只要是帶人的主管，每年年底的時候都

會對上一層的管理團隊做一場簡報。內容主要是過去一年，他做了哪些事？對公司有什麼貢獻？然後還會帶到接下來的一年，計劃的工作重點。整場簡報的時間不長，最多也就半個小時。以他現在的職位當然報告的對象就是 CEO 了。至於以前往上爬的過程當中，報告的對象就是從經理、協理、副總，這樣一路上來。

但是不管報告的對象是誰，他處理的方式都一樣。每年一開始的時候，他就在心中預想年底做簡報時的畫面。思考在那個場合，聽他報告的會有誰？這些人在乎什麼事？要講什麼、怎樣講，才能讓這些決定他績效的主管們聽了眼睛為之一亮？

如果他沒有辦法把這個畫面弄得很清楚，他就會去問那些年底要聽他報告的人，他們在年底的時候究竟想要聽到什麼？一次問不清楚，就多問幾次，直到他覺得有相當把握了，那他這一年的工作目標也就基本確定下來了。

然後他接下來一整年的工作，就是把年底要報告的那些事情的具體成果做出來。他分析為了做到年底拿出來報告的這些成果，他一整年的每一個月，各別該做哪些事，然後就循序漸進的完成這些事。

這就是他成功的秘訣。不神奇，也不驚心動魄。No magic, just basic!

從終點出發的成功

史蒂芬・柯維在他那本全球熱賣的《與成功有約：高效能人士的七個習慣》一書中，提到「以終為始」（begin with the end in mind）的觀念,說的就是這個。只是我這位朋友他們每一年的「終」（end），就是那場攸關他績效、升遷的簡報。

再回到一開始的那個問題。究竟是會做事重要，還是會做報告重要？其實這根本不是二選一的問題，而是這兩者根本應該合而為一。

所以正確的答案是：想著報告去做事！

決定你的績效的，永遠不是你做了什麼，而是別人認為你做了什麼，以及被認為做了的什麼對別人的價值。當我們用年終的一場簡報做為思考工作內容的起點，工作的方向將頓時豁然開朗。這就是高績效工作的心法。

這世上要多這一本書！

這本書獻給每一個認真奮鬥的你。但是不知道你有沒有想過，決定你的成敗的真正關鍵因素其實只有兩個。

第一個是，你有沒有讓別人知道你有做對的事？

第二個是，你能不能讓別人願意跟著你一起做對的事？

而簡報就是讓別人知道你有做事，也願意跟你做事的關鍵能力。

這當然是一本關於簡報的書，但我真心希望你體會到的，更是一種透過溝通來完成人生各種目標的方法。我想，這就是這本書存在的價值吧！

感謝熱心讀者們的回饋，讓我們發現之前版本中的一些錯誤，並能在這次的改版中修訂。

感謝木馬出版社優秀的編輯團隊，讓這本書能以美美的全新風貌，再次和大家見面。謝謝你們！

最後祝所有讀者，樂在簡報，更上層樓！

簡報，賭很大

步驟一 訂定目標

步驟二 分析聽眾

步驟三 架構內容

步驟三 主體結構

步驟四 視聽效果

步驟五 事先演練

CHAPTER 1

簡報，賭很大

簡報是一種心機很深的溝通方式。
從台下的準備，到台上的呈現，
都是為了很明確具體的目的。

check 成功的公式

你為什麼打開這本書開始翻閱？我猜不是為了領略文學之美，也不是要探究宇宙人生的奧妙。而這書也的確和這些都沒有關係。這本書不算有氣質，談的事情也很俗氣。我們只想在你追求成功的路上，幫上一點忙。關於「成功」，每個人的定義都不相同，這裡要談的，又是其中最俗不可耐的那種。所謂成功，就是指賺大錢、出大名、掌大權。

失敗一定有原因，成功必然有方法。成功其實是有公式的。公式長得像這樣子：

$$S = C^3$$

S: Success（成功）
第一個 C: Capability（專業能力）
第二個 C: Communication（溝通能力）
第三個 C: Chance（運氣）

專業能力高，溝通能力強，再加上運氣好得不像話，那只能說「富貴逼人」，想不發達都不可能。

專業能力高，有些事就是非你不可，即使溝通能力低，那也沒問題。科學史上有好多不通人情的大科學家。高斯，牛頓等人的故事，大家都不陌生。

專業能力平平，但溝通能力強，也能成就大事業。美國前總統雷根，雖然學歷一般，出身平平（從政之前是演員），但他被譽為「最偉大的溝通者」，不但位居美國總統，並有相當好的評價。

簡報，賭很大

步驟一 訂定目的

步驟二 分析聽眾

步驟三 架構內容

步驟三 主體結構

步驟四 視聽效果

步驟五 事先演練

以上兩個都不行，就要運氣夠好。比方阿公留下一塊地給你種菜，幾十年過去，不知不覺間捷運站就開在菜園旁邊。或是中了大樂透之類的。

關於專業能力，這本書幫不上忙。關於運氣，多積陰德，廣結善緣吧！其他我也不知道能怎麼樣。

這本書能用得上力的是在第二個 C，也就是溝通能力。而我要提醒與強調的是：

提高專業能力和提高溝通能力所創造出來的競爭力，效果是一樣的。

因為：

重要的是「人家認為你會多少，你做了多少」，而不是「你會多少，你做了多少」

在人的世界，是前者決定升官發財的機會，而不是後者。你可以不喜歡這樣的現象，但沒有人能否認。所以歡迎來到地球。效績考核根據的不是「你會多少」，而是「人家認為你會多少」。如果要在地球生存，請照地球的遊戲規則玩。

所以，我們要談溝通，特別是溝通的一種特殊形式，叫做「簡報」。

 ## 「零售式溝通」與「批發式溝通」

為什麼特別要談簡報？因為溝通可以大分為兩種，零售和批發。

什麼是零售？我們在公司，這裡和春嬌說說，那裡和志明聊聊，要把事情搞定，這是零售式的溝通。

什麼是批發？找間會議室，相關人等全都弄來，一網打盡，一次講清楚，這就是批發式的溝通。這本書要談的簡報，正是企業裡批發式溝通中，最常見的一種形式。

零售和批發有什麼不同？

答案：需要的技巧不同，造成的後果也不同。

零售式的溝通，大家是好兄弟姐妹，有話慢慢說。說不明，聽不清的地方，就多說幾次，多問幾次。以結果來說，即使搞砸了，損害也就那一個人單獨對你不爽而已。更重要的是，他不爽你通常會知道（如果你還不太白目，懂點察言觀色的話）。既然知道了，就有機會上訴，有機會修補傷口。

批發式的溝通，因為弄了一堆人來，時間成本特別高，所以期待的效率也要高。叨叨絮絮的扯東拉西，肯定會有人抓狂。以結果論，因為參與的人多，如果搞掛了的話，受波及人數也多，災情慘重。而最慘的是，這種場合的聽眾通常將不爽暗藏心中。可能到死我們都不知道哪裡得罪了人家。連上訴的機會都沒有，更別說止痛療傷。

不信的話，想想我們自己的經驗。在開過的無數次無聊會議中，曾經很勇敢的告訴報告人「你講得真的很爛，我是好心才告訴你實話，你應該如何如何改才對」這類忠告的請舉手？我給你拍拍手，磕磕頭！

在批發場合若不幸散布的是負面形象，效率將會超高，並在聽眾心

中久久不去。傷害不會消失，只是變成醜陋的疤痕。日後說起「我對XX人印象不好」的冷言冷語，可能就是這樣形成的。

　　人生在世難得有機會在半個小時之內，毀掉四、五十個人對我們的好感。而批發式溝通的簡報，正是這樣的機會。

　　但批發也有光明的一面。如果能把握這時機，對眾人放電發功，讓大家喜歡，那造成的正面效果，效率也遠高於一對一的辛苦零售。

　　所以簡報值得我們以戒慎恐懼，如臨深淵、如履薄冰的態度面對。因為得失之間，來回輸贏很大。

簡報，賭很大

步驟一 訂定目旳

步驟二 分析聽眾

步驟三 架構內容

步驟三 主體結構

步驟四 視聽效果

步驟五 事先演練

零售式溝通（1 對 1）

常出現在與同事、家人、朋友商量事情

優點：損害低，能立即知道對方反應

缺點：效益低

批發式溝通（1 對多）

常出現在大型演講、公司會議

優點：效率高，馬上傳達訊息

缺點：一失足成千古恨，
　　　怎麼死的都不知道

簡報，賭很大

步驟一 訂定目旳

步驟二 分析聽眾

步驟三 架構內容

步驟三 主體結構

步驟四 視聽效果

步驟五 事先演練

check 簡報是一種心機很深的溝通方式

溝通有很多種形式。聊天、演講、簡報，甚至談判都是。這些不同形式的溝通，究竟差別在哪裡呢？

分類的結果會因分類的標準不同而不同。如果我們先放下學院式的嚴謹，而著重學習吸收的便利，可以用兩個角度將常見的溝通型式分類。如圖 1-1

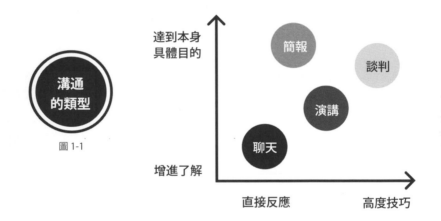

圖 1-1

這樣簡單的分類方法，傳播學者未必認同。但可以幫助釐清觀念，同時好記憶。更重要的是，能幫我們達到本書的目的，做好簡報。

聊天是靠直接反應，並且重點在增加了解。這很容易了解。應該沒有人聊天時還先想好目的，打好草稿的吧！

談判的重點在交換利益，解決爭議，難度之高不在話下。雖然談判的時候一定會有預先設想的目的，但這目的往往隨著談判局勢的演變而調整，因此以「達到本身具體目的」的角度而言，高於演講，但不及簡報。至於為什麼簡報的目的性高於演講，我們馬上來說明。

演講與簡報有什麼差別？要回答這個問題，我們先回到生活經驗中做個對照。

總統就職時，會透過電視轉播，對全國軍民同胞們講些話。

請問他說這番話的形式是屬於？（1）聊天（2）談判（3）簡報（4）演講

如果你是和群眾站在一起的，應該會選擇（4）。

公司有個重要的新產品要上市。在正式上市前，你要向總經理、執行副總、行銷副總、業務副總、以及各地區業務經理說明上市準備進度及要大家配合的事情。

請問這將要發生的溝通形式是屬於？（1）聊天（2）談判（3）簡報（4）演講

如果你還珍惜在公司的發展前途的話，應該定位成：（3）簡報。

以上的答案相信大多數人會同意，因為符合生活經驗。但究竟演講與簡報有何不同呢？有人說，差別在於有沒有用投影機放 Power Point 檔案。這說法雖然不是全無根據，但卻過於狹隘了。

就好比說貴婦通常穿戴名牌，但渾身是名牌的未必就是貴婦。目前雖然還沒看過哪位總統的就職演說用 Power Point，不過誰知道呢？也

許不久就有了。畢竟這是一個有人連看漫畫都嫌字太多，只想打電玩的圖像思考時代。

我個人的看法是，就如圖 1-1 所表示的，這兩者根本的差別在目的性的高低。演講當然也有目的，但演講面對的聽眾往往人數眾多，且多是單向溝通，互動少。所以聽眾是不是接受我們的見解？有沒有不同看法？種種結果比較難掌握。

但簡報的對象人數通常不像演講那麼多，聽眾的屬性事前也比較清楚。簡報時與聽眾的互動要比演講多，甚至互動的品質成為一場簡報成功與否的關鍵因素之一。因此在簡報當場，聽眾的想法我們大致都能了解。所以簡報所想要達到的目的就會更明確。

因此簡報是一種心機很深的溝通方式。從台下的準備，到台上的呈現，都是為了很明確具體的目的。這是我們對簡報這種溝通形式的一個定位。後續的論述也將在這個基礎上展開。

至於為什麼圖 1-1 中，簡報在技巧性方面比談判及演講都來得低，這就是下一節要談的主題了。

check 簡報和游泳一樣，都只是一種技巧

談過溝通的重要，也強調了簡報的殺傷力。字裡行間好像在形塑一種簡報偉大又崇高的形象。但其實剛好相反，說穿了，簡報就像游泳一樣，只是一種技巧。而且不是很難的技巧。基本上，肯學就會。

這世上有沒有人不會游泳的？答案：有！還不少！

簡報，賭很大

步驟一 訂定目的

步驟二 分析聽眾

步驟三 架構內容

步驟三 主體結構

步驟四 視聽效果

步驟五 事先演練

但有沒有人不會游是因為學不會的？答案：應該沒有！只要他是身心健全，有基本體力。

不相信的話，讓我們一起來假想一個應該永遠不會發生的場景。如果郭台銘先生突發奇想，為了要提升員工的身體健康，特別訂定一個獎勵學游泳的辦法。凡是鴻海員工，能夠腳不碰池底，一口氣游超過 25 公尺，就可以領到台幣 500 萬元獎金。你認為鴻海員工還有人不會游泳的嗎？應該沒有！所以，會不會游泳的關鍵，意願遠大於能力。

簡報是技巧，游泳也是技巧。當一件事被稱為技巧，有兩個層次的含意。

第一層次：這件事可以被拆解成分解動作
第二層次：這件事可以透過反覆練習而愈來愈熟練

先說第一個層次，「這件事可以被拆解成分解動作」

可被分解就可被分析。可被分析就容易複製。

教練教游泳，一定要先將動作分解，否則學的人無從下手。比方我十二歲時的游泳教練，就將蛙式的腿部動作分解成「收」「分」「夾」三個步驟。三十年過去了，我依然謹記不忘。經過分解，就可以有系統的分析每個環節是否做到位，也就容易複製。人稱「飛魚」的奧運游泳 14 面金牌得主邁克・弗雷德・菲爾普斯二世（Michael Fred Phelps II），游起泳來是渾然天成的人類奇蹟。但他的動作一樣是許多小步驟串連而成。

分解是為了分析。分析是為了找出成功的元素，然後再重新組合動作。

簡報的道理也相同。我們經驗過一些令人印象深刻，震撼力極強的簡報。在這看似完美展現的背後，其實一樣是許多步驟，嚴謹連結的成果。在後面的內容裡，我們將構思及呈現一場成功簡報的過程，分解為

簡報，賭很大

步驟一 訂定目的

步驟二 分析聽眾

步驟三 架構內容

步驟三 主體結構

步驟四 視聽效果

步驟五 事先演練

五個步驟。在這五步驟的架構之下，我們可以精準的分析一場簡報成敗的原因，並複製成功簡報的經驗。

再來談第二個層次，「這件事可以透過反覆練習而愈來愈熟練」

所謂技巧，就是可以透過反覆練習而愈來愈熟練。

面對現實吧！再如何苦練我們也不會成為另一條飛魚。天賦還是很重要的。別的不說，他兩臂水平伸展達到 201 公分，比身高長 8 公分的特異生理條件，就不是可以向爸媽訂製的。但好消息是，即使不能得金牌，有練一定有差。只要有心，下水悠游幾百公尺，享受如重回媽媽肚子裡，在羊水中一樣的輕鬆自在（這是我個人游泳時的感受，強烈建議大家也來體會），是一定做得到的。而有一件事是確定的，就是不下水的人，永遠學不會游泳。

更好的消息是，簡報不是奧運，金牌選手不會只有一個，金牌也不是唯一的目的。簡報的目的只在「有效的傳達我們的想法，並改變別人的行為」。透過分解與練習，將簡報這種批發式的溝通技巧提升到一個更高的境界，並進而提高職場競爭力，也一定可達到。而還有最好的消息，就是簡報根本沒有一定的成功樣式。有人幽默風趣，全場笑聲不絕，順利在歡樂中輕鬆傳達訊息。也有人剛毅木訥，以質樸的力量撼動人心。但不管哪一種風格，只要運用得當，都可以達到簡報的目的。

一個例子是，企業裡通常以為業務人員口才最好，最會做簡報。但我的經驗裡有很多客戶不相信業務說的漂亮話，反而寧願聽不善言詞的工程師的意見。因為這些客戶認為唬爛是業務員的第二本能，而第一本能是死要錢。所以簡報的世界裡不存在所謂的最佳典範，鍛鍊簡報技巧最好的方法，更不是去模仿別人。簡報某種程度是一種藝術，只要能感

動人心，允許演出者用不同方式表現及詮釋。

　　據說文藝復興時期的藝術大師米開朗基羅完成著名的雕像「大衛」後，有人驚嘆於他出神入化的功力，便問大師如何能將大理石刻成如此栩栩如生的雕像。米開朗基羅回答說：「我其實並沒有雕刻他。雕像原本就存在石頭裡，我做的事只是將多餘的石頭去掉，那美好的形體就自然呈現出來了！」

　　簡報的修煉也是一樣。每個人的內在都有一個原本就存在的，美好的簡報樣貌等待自己去發掘，我們需要做的只是除去多餘的石頭。這過程未必輕鬆，效果也不是立即。但只要掌握原則練習，時間自會除去累贅，帶領我們走向美好的境地。

　　最後，回到上一節留下的問題，為什麼簡報在技巧性方面比談判及演講都來得低？非常容易學？

　　演講與談判，和簡報一樣可以透過分解動作的練習而越來越熟練，功力越來越高。但談判的難，在於影響變數太多，要隨時臨機應變調整策略。即使事前有充分準備，不可測的因素還是太多。

　　演講的難，在於比起簡報而言，演講者與聽眾的互動少，環境的限制也常減少視聽效果發揮的空間。所以更倚賴演講者的魅力，而魅力，我們都知道，很難學的。即使穿了全套黑西裝，配上白襪子，我們仍然不會是麥克‧傑克遜（Michael Jackson）。

　　相形之下，簡報的變數較少，容易控制結果。這是認為簡報技巧性較低的原因。

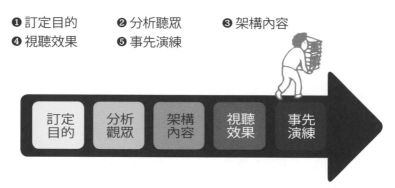check 成功簡報五步驟

　　既然簡報像游泳一樣可以分解動作，那麼到底一場成功的簡報，可以分成幾個步驟呢？這本書裡，我將「呈現一場成功簡報」的步驟，拆分為五個步驟。分別是：

❶ 訂定目的　　❷ 分析聽眾　　❸ 架構內容
❹ 視聽效果　　❺ 事先演練

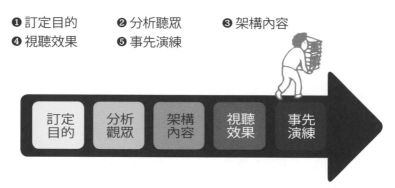

　　以下先簡要說明這五個步驟。從下一章開始，我們將依序逐一介紹這五個主角出場，並說明他們的來歷與本事。

❶ 訂定目的

　　之前談過，目的清楚是簡報這種溝通形式的特點。而更基本的是，當我們判斷這場簡報成功或失敗時，我們的依據究竟是什麼？是掌聲大小？是笑聲多寡？還是其他的指標？

有達到目的就是成功的簡報。

　　依我實用主義的定義，評斷一場簡報的成敗的標準很簡單，就是「有沒有達到預設的目的」。有達到就是成功，沒有達到就是失敗。所以一

場笑聲震天的簡報算成功嗎？如果目的只是要娛樂聽眾，那就是成功。但如果幽默只是手段，那就要問除了歡樂之外，還希望聽眾笑完後，帶回去什麼？

一場沒有目的簡報，就是一場可有可無的簡報。對講與聽的人，都是浪費時間。

❷ 分析聽眾

對老婆、對媽媽、對女兒，還有對女同事，我們一定不會講同樣的話。為什麼？因為生活經驗告訴我們，不同的對象要說不同的話，搞錯對象會惹出大麻煩，都死得很難看。但在簡報的場子，我們卻太常看到有人不管來者何人，「吾道一以貫之」對付。歌手可以一首成名曲走天下，遺憾的是簡報者不能。

確保簡報達到目的，就要先弄清楚不同簡報對象不同的口味、不同的興趣。見人說人話，見鬼說鬼話，是基本的簡報原則。但更重要的是，先搞清楚聽眾是人還是鬼。

❸ 架構內容

人類的思考遵循某些共通的規則。若簡報依這樣的條理展開，就容易理解，反之則大費力氣。所以布局簡報內容時，最基本的就是先了解這些規矩，並進而掌握這些規矩。有了基本功後，再來別出新意。我們之後會整理出一些簡報時可參考使用的思路架構。當拿到一個簡報題目時，方便切入議題，並有條不紊的展開論述。

❹ 視聽效果

簡報時，聽眾接受兩個來源的聲光刺激。一個是簡報的人，一個是簡報者所用來加強溝通效果的輔助工具。我們目前最常用的輔助工具，

就是用偉大的微軟公司的 Power Point 軟體製作出來的簡報投影檔。

　　視聽效果是為了幫助簡報者達到目的。但使用不當，卻反而重傷簡報。拿捏之間，要如醫生開處方般精準。

❺ 事先演練

　　練習是通往完美唯一的路。所有把簡報當一回事的人，都會預做演練。但如何練習才能事半功倍，減少緊張，最佳呈現，我們也會提出幾個實用的要訣。

check 成功簡報六要素

　　成功的簡報有步驟，同時也有要素。這裡所謂的要素，請把他想成武俠小說中的「劍訣」，基本上是一套心法。你常想常唸，潛移默化中，這功夫就自然而然上身了。成功簡報的要素有六個簡單的英文單字，取英文單字的字首串起來，就是我最深愛的故鄉「TAIWAN」。

> T: Target（目的）
> A: Attitude（態度）
> I: Interaction（互動）
> W: Will（意志）
> A: Audience（聽眾）
> N: Noticeable（引人注意）

　　以下進一步說明：

簡報，賭很大

步驟一 訂定目的

步驟二 分析聽眾

步驟三 架構內容

步驟三 主體結構

步驟四 視聽效果

步驟五 事先演練

↗ Target（目的）

成功的簡報要有明確的目的。而簡報的目的，最基本的定義就是聽眾聽簡報之前和之後，想法和行為要有什麼不同。

這事想得清楚，也不見得做得到。況且如果根本沒想就上台，還希望能成功，那就不如買彩券吧！目的該如何設計表達，這是我們下一章的重點。

↗ Attitude（態度）

簡報的成敗攸關重大，要用認真的態度面對。這已經不用再說了。

↗ Interaction（互動）

你有沒有算過你的時薪是多少？你老闆的時薪是多少？一間會議室如果大大小小擠個二十號人物，這一掛人加總起來，時薪又是多少？如果仔細算算，你會發現，簡報的成本高得嚇人！

那現在科技這樣發達，為什麼簡報者不自拍下來，上傳到YouTube，然後聽眾各自找方便的時間下載來看就好？這問題愚蠢而發人深省。就像你問五月天的粉絲，為什麼要花大把銀子買票聽現場演唱會，而不在家裡聽聽 MP3 就好一樣。

答案當然是感動的程度有天壤之別，就是要那撼動人心的臨場感！

創造臨場感的元素，在簡報就是「互動」。互動是成功簡報常被忽略的要素。經由互動，資訊才容易掌握聽眾的注意力，穿透現代人在資訊轟炸下，練就的層層濾網。經由互動，簡報者才可以徹底理解聽眾的需求，興趣及問題。

我親眼看過有太多簡報，簡報者只是上台將準備好的 Power Point

原封不動的唸完，然後唸完之後，下台一鞠躬。如果簡報做到這種境界，我只有一句話：「Please just e-mail me!」這句話的中文意思當然是：「請直接寄給我！」但不知道為什麼，我覺得這句講英文比較對味。當然，中文或英文完全不是重點。重點是，請想清楚聽眾為什麼要聽你簡報？重要的是你，而不是那份 Power Point 檔。如果只是要聽你唸檔案，那就「Please just e-mail me!」找個天時地利人和的時候，我自己看就得了，不需要你來唸稿！

創造與聽眾美好的互動經驗，可以從兩個方向切入：

1. 提出問題
2. 非語言的溝通，如眼神、表情、肢體動作

這些觀念與技巧，我們會在第六章，「第四步驟視聽效果」中，詳細說明。

↗ Will（意志）

成就一場成功的簡報，需要汗水與淚水交織灌溉。如果你覺得沒這麼嚴重，過去這麼多場簡報不也水裡去，火裡來了，那麼請你看完整本書，走過五個步驟後再說。你會相信，我沒有誇大。

成就成功的簡報，需要堅強的意志力，因為過程當中有太多的艱辛與折磨。那麼意志力從何而來？德國哲學家尼采說：「知道為何，就可以忍受任何。」所以如果我們真的理解簡報牽扯的輸贏有多大，意志力不是問題。

↗ Audience（聽眾）

有三句話，因為太重要了，所以這裡我要先說一遍，在第三章，「第

簡報，賭很大

步驟一 訂定目的

步驟二 分析聽眾

步驟三 架構內容

步驟三 主體結構

步驟四 視聽效果

步驟五 事先演練

二步驟分析聽眾」我要再說一遍。

簡報的重點，不在於你說了多少，而在於聽眾吸收了多少。

不在於你說了什麼，而在於聽眾理解了什麼。

不在於你是什麼樣的人，而在聽眾認為你是什麼樣的人。

簡報的成敗，唯一的評分標準是聽眾的反應。自我感覺再良好都沒用。一切的思考，必須從聽眾的角度出發。

↗ Noticeable（引人注意）

簡報是場聲光的表演。聲光的來源有兩個，一個是人，也就是簡報者，一個是 Power Point 檔。人是主，簡報檔是從，不能喧賓奪主。引人注意是手段，留下好印象才是重點。聲光效果是手段，達到目的才是根本。

表演有表演的道理，道理的基礎是普遍的人性。這些道理，我們在第六章，「第四步驟視聽效果」中來談。

所以要做好簡報，請不要把「TAIWAN」這六字放在眼裡，而是要放在心裡。

MEMO 記下想到的點子

訂定目旳

步驟二 分析聽眾

步驟三 架構內容

步驟三 主體結構

步驟四 視聽效果

步驟五 事先演練

重點整理

成功簡報五步驟

❶ 訂定目的

→有達到目的就是成功的簡報

→一場笑聲震天的簡報就是成功嗎？希望聽眾笑完後帶回去什麼？

❷ 分析聽眾

→弄清楚不同簡報對象不同的口味、不同興趣，不能一以貫之。

→見人說人話，見鬼說鬼話。更重要的是，先搞清楚聽眾是人還是鬼。

❸ 架構內容

→人類的思考有某些共通的規則。

❹ 視聽效果

→一個是簡報者，一個是加強溝通效果的輔助工具。

❺ 事先演練

→把簡報當一回事的人，都會預做多次練習，才能減少緊張最佳呈現！

重點整理

成功簡報六要素

❶ 目的
→ 簡報的目的就是，聽簡報之前和之後，想法和行為要有什麼不同。

❷ 態度
→ 簡報的目的是由內而外的觀點，這是我們真正做簡報的意圖。
→ 人既然要做簡報，就表示有求於人。

❸ 互動
→ 要有撼動人心的臨場感
→ 美好的互動：提出問題、非語言的溝通，如眼神、表情、肢體動作。

❹ 意志
→「知道為何，就可以忍受為何」。

❺ 聽眾
→ 簡報的重點，不在於你說了什麼，而在於聽眾理解了什麼。不在於你是什麼樣的人，而是聽眾認為你是什麼樣的人。

❻ 引人注意
→ 人是主，簡報檔是從，不能喧賓奪主。
→ 聲光效果是手段，達到目的才是根本。

步驟一 訂定目的

簡報的題目不等於簡報的目的，
題目是讓人很想來聽，
而目的才是你真正想要的結果。

步驟一 訂定目標

步驟二 分析聽眾

步驟三 架構內容

步驟三 主體結構

步驟四 視聽效果

步驟五 事前演練

ⓒheck 簡報最常見的致命傷——沒有明確目的

在我的「策略性簡報」課程中，我評點過上千場次簡報。依我粗略的統計，失敗的簡報中，至少有 60% 以上是因為目的不明確。

要著手準備做一場簡報時，你做的第一件事是什麼？希望你的答案不是找這個題目別人做過的 Power Point 投影檔，然後開始改。雖然這是很常見的現象。

決定簡報成敗命運的關鍵，不是在台上。而是上台前的分析與準備。

阿里山的神木之所以為神木，不是現在造就的。四千年前種子落土時，就決定了他的命運。如果四千年前埋入土的是一顆黃豆，再等四千年，還是一堆爛土。簡報成敗的命運，也不是在台上決定的。上台前的準備才是關鍵。做簡報而沒有明確的目的，就像種一顆黃豆卻期待他成為神木一樣，浪費時間。

準備簡報的第一個步驟，就是確定簡報目的。

什麼是簡報的目的？就是簡報之前和簡報之後，我們期待聽眾的想法及行為，要有什麼不同？即使這事想清楚，聽眾的變化也未必如我們預期。但如果簡報者自己都沒想清楚，那聽眾的反應就全靠運氣了。

簡報怎麼才叫成功？達到目的就是成功。

所以，
沒有目的的簡報，就無所謂成功。

我的意思不是說大多數人的簡報都沒有目的，我說的是「沒有明確目的」。但「沒有目的」比起「沒有明確目的」，兩者的差距只不過是五十步笑百步而已。為什麼大多數的簡報沒有明確的目的？原因之一，是將簡報的題目與簡報的目的混為一談。

check 許多簡報沒有目的

所有的簡報都有題目，但很多簡報沒有目的。

「善用網路行銷，提高公司知名度」，這句話做為簡報「題目」，即使不完美（我們一會兒再回來談如何將它整形得更亮眼），但也可接受。但無論如何，它不是個簡報的「目的」。

簡報的題目是由外而內的思考，目的在吸引聽眾的注意力。換句話說，就是要從聽眾的角度想，這場簡報要如何才能讓他們「迫不及待的聽」。

簡報的目的是由內而外的觀點，這是我們真正做簡報的意圖。也就是我們費盡心思，要別人去完成的事。換句話說，就是要從自己的利益出發，但卻能讓聽眾「心甘情願的做」。

人活得好好的，沒事為什麼要做簡報？

人既然要做簡報，就表示有求於人。

這裡的有所「求」，就是我們簡報的「目的」。

業務人員為什麼要對客戶簡報？希望客戶下訂單，或是希望客戶提高單價，或是希望不要退貨等等。

步驟一 訂定目的

步驟二 分析聽眾

步驟三 架構內容

步驟三 主體結構

步驟四 視聽效果

步驟五 事先演練

我們為什麼向老闆簡報？因為要他多給預算，多給人手，多給點時間。因為要他手下留情，考績打好點，薪水多加點。總而言之，我們有想達到的目標，但需要別人配合做些事才能完成。這時候，我們就會找別人溝通。而當這種溝通需要比較正式，也更有備而來的時候，簡報就是自然而然的選項。

既然有求，就要求得清楚、求得漂亮，求得有效。

如果能讓聽眾「簡報前很想聽」，「簡報後很想做」，這就成功了。

不過還要強調的是，聽眾做的，必須是我們計劃之內，期待之中的。

接下來，我們就用「善用網路行銷，提高公司知名度」這句話當材料，看如何讓人「簡報前很想聽」，「簡報後很想做」。我們先從「題目」，也就是「簡報前很想聽」開始。至於，讓人「簡報後很想做」的「目的」，要在下一節裡，多花些篇幅來談。

📍check 簡報的題目——要讓人想飛撲過來聽

作為一個簡報題目，「善用網路行銷，提高公司知名度」這句話堪稱有板有眼、端莊大方。唯一的遺憾就是不夠「辣」，少了讓人眼睛一亮的興奮。如果改成：

❶ 動動腦袋動動指頭，10 萬變 100 萬
❷ 決勝「宅」世界——下個王者就是我
❸ 不要「臉」就不要活—— Facebook 告訴我們的行銷秘密

如何？是不是你會更想來聽這場簡報？你一定可以想出更多更有魅力的題目。只要多花點心思構思，絕對能畫龍點睛，給簡報一個好的開始。

比較遺憾的是「好的開始是成功的一半」這句話真的聽聽就好，不用當真。人生的真相通常是一開始很辛苦的，後面會更辛苦。把人呼喝來之後，最艱鉅的挑戰才要上場。那就是「簡報後很想做」。

check 簡報的目的：目的＝主詞＋動詞

這裡，我們先把口訣寫出來。不管你能不能體會，就請先背下來吧！古人都是先背經書才理解義理，中華文化幾千年就是這樣傳承下來的。更何況這口訣只有一行：

明確的目的＝主詞＋動詞

夠簡單吧！請先記住，我們待會就回到這個公式。來，請再背一次：

明確的目的＝主詞＋動詞

check 溝通的四個層次目的

要說明

明確的目的＝主詞＋動詞

步驟一 訂定目的

步驟二 分析聽眾

步驟三 架構內容

步驟三 主體結構

步驟四 視聽效果

步驟五 事先演練

這個口訣，要先從人類溝通的四個層次目的說起。

這裡先說個題外話。為什麼要在短短的不到十行的空間裡，重複這個口訣三次？這是故意的，不是意外。因為「3」是個神奇的數字。人類記憶的特性是，如果要記住的重點超過三個以上，就很容易忘漏（聽過丟三落四這話吧！）。但另一方面，通常提醒超過三次以上，就很容易記住(事不過三)。這個原理，在後面還會用到。

所以，**明確的目的＝主詞＋動詞**

第四次囉！ 該都記下來了，不會再忘了吧！

再回到主題。人類溝通時，期望達到的目的可分為如右圖的四個層次。

記住是最基本的，所以在底層。記住後才會了解，了解後才有可能相信。相信後有機會變成行動，但也可能只是相信而沒有行動。

案例 ❶

比方說，你是賣洗衣機的業務人員，你希望客戶買你的洗衣機，你必須：

1. 首先，讓他「記住」你所銷售產品的特色與賣點。比方說，耐用

2. 其次，讓他「了解」這些賣點到底在說什麼。比方耐用。是指馬達十年保固，十年之內包修。

3. 再來是客戶為什麼要「相信」你說的？客戶說：「馬達保固十年，但三天兩頭要送修我也受不了。洗衣機壞了不能洗衣服，有潔癖的我家那口，可是會抓狂的！」你說：「客倌，馬達所以敢保固十年，是因為我們在機械設計上有創新突破。不用橡皮帶傳動，而是馬達直接驅動洗衣槽。根據我們的分析，馬達的問題 90% 來自於橡皮帶故障。沒了橡皮帶，就少了 90% 的禍源。所以，安啦！」

4. 最後，客戶買不買單，也就是會不會有「行動」呢？按道理，客戶記住這洗衣機耐用，也了解並相信它真的耐用及為何耐用，總該買了吧？不幸的是，答案是「不一定」。

首先，也許客戶在決定的最後一刻，忽然想起答應帶女兒去東京迪斯尼樂園的承諾一直還是空頭。想想舊洗衣機先湊合著用吧！根本不買了。

其次，也可能客戶想想耐用固然重要，但洗衣機外型和他室內裝潢風格搭配？一台洗衣機看十年多膩啊！最後買了台造型出自大師之手的藝術品。

所以，要讓客戶下單，最後的關鍵是，他「相信」的點，是不是符合他的需求。如果符合他的需求，客戶才會有「行動」

(check) 簡報的價值在產生行動

同樣的，簡報的目的，也可以分成「記住」、「了解」、「相信」、「行動」四個層次。

步驟一 訂定目的

步驟二 分析聽眾

步驟三 架構內容

步驟三 主體結構

步驟四 視聽效果

步驟五 事先演練

理論上，我們可以將簡報的目的分類，然後依目的不同，再將簡報分成兩種類型。

　　如果一場簡報，是以希望聽眾記住什麼，或是了解什麼為訴求的，我們稱之為「敘述性簡報」。

　　如果簡報是希望讓聽眾聽完後，相信簡報的論點，進而依簡報者的建議採取行動，那這類簡報就稱之為「說服性簡報」。

　　請閉上眼睛，回想你聽過的簡報，你可以把他們歸成以上兩類嗎？應該不難吧！

　　理論上這樣當然沒問題，但實際上，分類的目的卻是希望大家多做說服性簡報。基本上，我認為：

**　　簡報應該以說服性簡報為原則。最終的目的是讓特定的聽眾，產生特定的行為改變。**

　　上面這個結論，對企業裡的簡報特別適用。因為企業的績效不來自「記住」，不來自「了解」，甚至「相信」也不夠。創造績效唯一的方法是「行動」。

　　為什麼要加上「特定」？有了特定的人和行為。才會有具體行動。何謂具體行動？大家都同意哪些事該做，也都同意該如何做及誰來做。

　　如果聽完簡報後，閉上眼睛，可以想像出一個畫面，畫面中有明確的人在做明確該做的事。這是個成功的簡報。

　　如果聽完簡報後，一樣閉上眼睛，卻無法勾勒出一個有人，有行動的畫面，這絕對是個失敗的簡報。

看到這裡，也許有人會問：「可是我平常在公司中最常做的簡報就是『月會報告』、『週會報告』，或者是『專案進度報告』。這類型的簡報，不就是讓主管知道我做了什麼事嗎？這明顯應該是個敘述性簡報吧！」

我只能說，這個說法沒有錯，但不能夠讓你出人頭地。

「月會報告」、「週會報告」、「專案進度報告」等等這類資訊匯報型的例行簡報，乍看之下的確是敘述性的簡報，但其實他們真正的目的只有兩個：

1. 讓主管知道我有做事
2. 讓主管幫我做事

讓主管在有升官加薪的「好康」時想到我們，這是一個長期洗腦的工作。打考績的時候才使盡渾身解數，向主管證明我是個有價值的員工，絕對太遲。所以這些例行簡報背後的第一個目的，其實是用有憑有據的資料，讓主管感受到我們的績效。這裡的關鍵字是「感受」。也就是不要謙虛到好像做的事都是隨手可得，不費吹灰之力。但也不要太吹噓邀功，有搖尾巴的嫌疑。

案例 ❶

例句：

1. 我查證後，發現這個製程的問題在於……

2. 我比對過型號 2245 和型號 1387 的過去半年的品管紀錄之後，發現這個問題的可能原因是 XXX 或 YYY。接下我又用頻譜分析儀分析後，確定這個製程的問題在於……

步驟一 訂定目的

步驟二 分析聽眾

步驟三 架構內容

步驟三 主體結構

步驟四 視聽效果

步驟五 事先演練

3. 在大家都快失去信心的時候，經過兩天不眠不休的努力，我終於發現這個製程的問題在於……

你認為，以上哪個說法比較好？

答案：

說法一太謙虛，說法三太浮誇。說法二力道剛好。主管不是白癡，他知道比對過去半年的紀錄再用頻譜分析儀分析，要花多少力氣。他自然會「感受」到你的努力與價值。

創造主管對我們的正面印象，並讓他們在有升官加薪的機會時，採取對我們有利的行動，這是例行性簡報的第一個目的。

第二個目的是，讓主管幫我們做事。

開會是要資源討救兵最好的場合，其一是因為不管心裡怎麼想，至少大家口頭都同意開會本來就是要解決問題的。其二是一家大大小小都在，主管說的不能不算數。但如果不得要領，就變成抱怨或者不識大體。要資源的秘訣，可以用拼圖來比喻。

案例 ❷

有兩個小孩都在玩拼圖。以下兩個狀況，你認為哪一個小孩會得到幫助？

第一個小孩：

我想玩拼圖，但好難喔！可以請你教我嗎？說完，把全部的 300 片拼圖攤在桌子上。

第二個小孩：

這拼圖我快拼好了，但這裡還有 10 片，怎麼都拼不出來。不知道是我有錯誤，還是拼圖不全。可以請你幫我看一下嗎？

答案當然是第二個小孩。記住，永遠讓主管覺得，他只要放上最後幾片，拼圖就完成了。基於助人為快樂之本（前提是不用花大力氣）及「你看，沒有我就是不行！」這兩種人性的微妙結合，他會很樂意伸出援手的。

如何用簡報要到資源？數據資料準備齊全，讓主管相信，在你作為部屬的職權範圍內，能做的都做了，就差他老人家臨門一腳。這樣他就會心甘情願的拿出口袋裡的鎮山法寶，出手相挺。

check 簡報的題目不等於簡報的目的

一種常見的迷思，就是將簡報的題目與簡報的目的混為一談。我們先來看一個簡報題目的例子：

案例 ❸
簡報題目：LF1421 晶片良率分析

這個題目很正常，但如果簡報者的思路就這樣跟著走，就太浪費寶貴的簡報機會了。簡報者的思路要朝目的聚焦，所有的計劃與舖陳，是要引導聽眾最後採取我們期望的行動。所以我們要再次請出這一章一開始要大家先背下的公式：

明確的目的 = 主詞 + 動詞

步驟一 訂定目的

步驟二 分析聽眾

步驟三 架構內容

步驟三 主體結構

步驟四 視聽效果

步驟五 事先演練

這個題目，所對應的目的可以是：

簡報題目——LF1421 晶片良率分析

簡報目的——說服三廠廠長將第二條產線 A 參數的數值，調整為 168

分析：

目的主詞是三廠廠長，動詞是調整。調整後的結果是將 A 參數的數值變成 168。構思簡報時，依循的是題目或目的，推演出來的內容大不相同。若依題目來思考，分析的結果講完就結束了。不是不對，但這樣的簡報不能引發行動，創造的價值太低。

依目的來布局內容，簡報結束後，只有兩種結果。結果一，三廠廠長同意數值調成 168。果真如此，那功德圓滿，謝謝大家。結果二，三廠廠長不同意調整。那他將被「引誘」說出他的想法，說明為什麼不同意。然後經由討論，找出大家同意的最佳方案，形成下一步行動。也可能大家聽完廠長的說明後，決定維持原本的數值不變（大家被三廠廠長說服了）。但即使如此，這個過程都有助凝聚共識，提高團隊績效。

所以，這場簡報的聽眾雖然有好幾位，但你真正說服的對象其實是三廠廠長。

再前進一點，簡報的題目本身就可以一目了然。畢竟，這是一個速度至上的時代，什麼都講究效率。

原本的簡報題目：LF1421 晶片良率分析
建議的簡報題目：**調整 A 參數至 168，以提高 LF1421 晶片**
雖然題目有點長，但簡單明白，一針見血，不是嗎？

那麼，可不可以更直接些，題目改成這樣：

簡報題目：說服三廠廠長同意，調整Ａ參數至168，以提高LF1421晶片

不建議。簡單的說，這樣子像「單挑」，挑戰的味道太明顯了，會激起對方鬥志。三廠廠長作為一個正常的人類，本能的反應應該是「你想說服我？哪這麼容易！放馬過來，看是誰擺平誰！」這時候，扳回局面要多花的力氣，就可不是一點點了。除非，你知道三廠廠長本來就很支持這想法，你的身分根本就是他的打手，這就另當別論。

看到這裡想到什麼？我們在為簡報的第二個步驟「分析聽眾」鋪路。因為當聽眾的屬性不同時，簡報的策略與內容就要不同。

這裡我們先做個小結：

設定簡報目的，首先要找出一個主詞，也就是簡報的訴求。其次，決定動詞，也就是希望這個對象訴求聽完簡報後做什麼。

check 公式的特殊狀況——拍馬屁也是一種目的

也許有些人看到這裡會說：「等一下，我們公司可不習慣話講那麼直接。大老闆該幹嘛幹嘛的，輪不到我們這小卒子說三道四。最佳生存之道是乖乖報完資料後，靜候主管指示。照你說的那樣幹，保證死得很快！」

你的心情我能體會！所以我特別加了這一段的簡報目的之番外篇。

步驟一 訂定目的

步驟二 分析聽眾

步驟三 架構內容

步驟三 主體結構

步驟四 視聽效果

步驟五 事先演練

也就是公式的特殊狀況。這個段落，我們的簡報重點不是創造績效，而是創造重要人物的美好感覺。也就是俗話說的拍馬屁。

社會上沒天理的事十之八九。最清楚的腦袋未必得到最多的關愛。許多組織運作的邏輯是「說國王沒穿衣服的小孩，會被拖出去打屁股。」在房貸未清，小孩大學沒畢業，新工作還沒著落的情況下，拍馬屁這種看似卑微的行為於是有了犧牲奉獻的崇高意義。問題是，你會拍嗎？

噁心不入流的馬屁，和脫褲子一樣，不是會不會的問題，而是要不要。基本上沒有技術含量，關鍵在要不要臉。但是上等的馬屁要甜而不膩，賞心悅目。要做到被拍的人欲仙欲死，旁觀的人不甘心卻佩服不已。這沒有策略、沒有技巧，沒有練習是做不到的。

如果簡報的目的走這條路子的話，那基本原則不變，但公式要修改，不過不用大改，只要微調。調整後的公式像這樣子：

明確的目的＝主詞＋感覺

同樣基於實用主義的原則，我將感覺與一般的動詞做區別。至於感覺是不是屬於動詞的一種，這問題就留給文法學家了。

和原本的公式的差別是，原本的公式要追求績效，而這個不是。空話不會產生績效，一定要行動，所以一定要用動詞。但馬屁是脫離現實的唯心論，只要爽就好，和發生了什麼、做了什麼都沒關係。所以感覺是王道。

但目的前面的「明確」兩個字不可以拿掉，主詞和感覺的針對性也不變。因為不同的對象對同樣的事會產生不同的感覺。拍馬屁如同精密的手術，每一次出手要達到的成效及手法都要仔細計劃盤算。才能達到

厚黑學的最高境界，「厚而無形，黑而無色」。夠水準啊！

以馬屁為訴求的簡報，除了在「訂定目的」這步驟有些小的變化形態外，其他部分還是全完適用書中的原則。

check 金字塔結構的簡報思維

在我教授簡報技巧課程時，常問剛做完演練的學員一個問題，「如果在場的一位聽眾晚上睡覺前，忽然回想起他今天白天聽過你的簡報。有哪三件事是你希望那時候一定要出現在他的腦袋裡的？」

在我的經驗中，能夠立刻具體回答、沒有猶豫的，幾乎沒有。絕大多數的人反應是開始轉著眼珠子回想自己說過的內容，然後勉強湊出三點。

接著我會問所有一起上課的學員，也就是前一場簡報的聽眾，聽完簡報後如簡報者的期待，記住這三點的請舉手。結果通常舉手的不到一半。甚至出現過簡報者希望聽眾記住的訊息，在簡報中根本隻字未提的現象。這個現象代表的意義是：

大多數的簡報者放任聽眾自己去選擇要記住什麼，而不是以目的為終點去反推，用策略引導聽眾去思考、記憶。

記住→了解→相信→行動，這四種層次是循序漸進的。如果聽眾的記憶是凌亂隨興的，那他們的行動絕對是更凌亂、更隨興。

步驟一 訂定目的

步驟二 分析聽眾

步驟三 架構內容

步驟三 主體結構

步驟四 視聽效果

步驟五 事先演練

前面談過兩種簡報目的公式，「主詞＋動詞」及「主詞＋感覺」。但其實簡報目的只是頂端一角，他隸屬於一個完整的大系統。這個系統我稱之為金字塔結構的簡報思維。用以下的圖來說明：

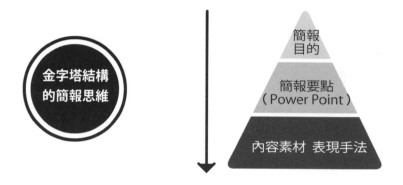

這張圖有兩個重點：

結構性──內容素材及表現手法是用來支撐簡報要點，簡報要點是來頂住簡報目的。換句話說，素材及手法，是為了讓觀眾接受簡報要點。而當觀眾接受了要點後，我們預期目的能達到。目的位階最高，下層結構為他而存在。凡有害於簡報目的的，都是累贅，殺無赦。

方向性──箭頭由上而下，意思是先思考目的，再決定簡報要點，素材及手法，最後才進來。如果方向相反，由下而上，那就是見樹不見林，有形體沒有靈魂。

圖中簡報要點的下方標示著 Power Point，意思是簡報要點的英文就是 Power Point。這點又再次驗證 Microsoft 這公司的英明偉大。Power

是力量，Point 是點，合起的意思就是有力的點（這樣的解釋，希望沒有侮辱到大家的英文程度）。簡報要點就是有力的點，藉著這些點的力量，我們才能達成目的。

Power Point 還有一個特性，就是不要太多點。

一個人說我有二十個重點，就等於沒有重點。人類的記憶力真的不好，重點愈少愈容易記，但我知道大多時候光一點是說不清楚的，所以最好控制在三點以內。真不得已，不要超過七點。超過七點，人類的記憶力立刻呈自由落體下墜。這不是我說的，是科學家努力研究的結果。至於素材的選取及表現手法，這是第四章，架構內容將要談的。

步驟一 訂定目旳

步驟二 分析聽眾

步驟三 架構內容

步驟三 主體結構

步驟四 視聽效果

步驟五 事先演練

重點整理

★ 簡報的題目不等於簡報的目的

★ 題目的目的在於吸引聽眾的注意力。要從聽眾的角度想,這場簡報要如何才能讓他們「迫不及待的聽」。

★ 既然有求,就要求得清楚、求得漂亮、求得有效。

★ 如果能讓聽眾「簡報前很想聽」,「簡報後很想做」,這就成功了!

★ 明確的目的 = 主詞 + 動詞

★ 人類溝通時,期望達到的目的可分為四個層次:記住→了解→相信→行動

★ 如果聽完簡報,閉上眼睛,可以想像出一個畫面,畫面中有明確的人在做明確該做的事,這是個成功的簡報。

★ 有一種簡報,拍馬屁也是一種目的。簡報的重點不是創造績效,而是創造重要人物的美好感覺。

重點整理

簡報思維　簡報目的只是頂端一角，它來自於金字塔結構的簡報思維：

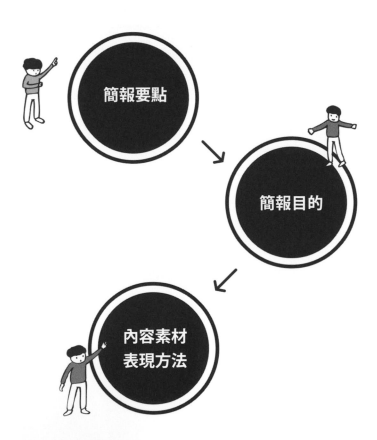

MEMO 記下想到的點子

CHAPTER 3

步驟二 分析聽眾

簡報的重點，不在於你說了多少，
而在於聽眾吸收了多少。
不在於你說了什麼，而在於聽眾理解了什麼。
不在於你是什麼樣的人，而在聽眾認為你是什麼樣的人。
見人說人話，見鬼說鬼話，是簡報的基本原則。
但更重要的是，要知道對方是人還是鬼？

(check) 這是他們的菜嗎？

在「策略性簡報技巧」課程中，另一個普遍觀察到的問題是，「一套簡報走天下」。也就是簡報的訴求，沒有針對眾的屬性與需求。

請想想以下兩個問題：

你喜歡吃什麼？漢堡？壽司？義大利麵？麻婆豆腐？十個人可能會有十種答案。

應該用什麼釣魚？雖然我不知道，因為我不釣魚。但以下這句話，我有十成把握：

釣魚的重點是魚喜歡吃什麼，而不是你喜歡吃什麼。

雖然都叫虎，但壁虎吃蟲，老虎吃肉。雖然名字都有熊，但貓熊啃竹子，無尾熊嚼尤加利葉。企業的世界，雖然來往的都是人，但差異性之大不下於壁虎與老虎、貓熊與無尾熊。要搞定他們，就要投其所好。

總經理關心的層面和課長不會相同。研發部門在乎的重點，和業務部門未必一樣。急驚風和慢郎中這兩種不同個性，適用的簡報策略也不同。流行歌手可以一首歌紅了之後，到哪裡都唱同一首。簡報不行！

在簡報的宇宙裡，聽眾是至高無上的王。什麼是好、什麼是壞，喜不喜歡、滿不滿意，他們是最後的仲裁者。

另外，再告訴你一個很多地球人不知道的小秘密。在這個特別的宇宙中，法律賦予聽眾誤解的權利，同時要求簡報的人有不被誤解的義務。若簡報的人沒盡到義務，一切的後果可是要自己負責。

簡報的重點，不在於你說了多少，而在於聽眾吸收了多少。

不在於你說了什麼，而在於聽眾理解了什麼。

不在於你是什麼樣的人，而在聽眾認為你是什麼樣的人。

簡報者準備了大餐，希望聽眾大快朵頤。但重要的是，這是他們的菜嗎？

見人說人話，見鬼說鬼話，是簡報的基本原則。

但更重要的是，要知道對方是人還是鬼？

接下來，我們就逐步來談如何分析聽眾。

check 分析聽眾的決策角色

分析聽眾的第一個問題就是，誰是聽眾？最基本的答案當然是簡報時乖乖坐在房間裡聽，會呼吸的人類都算。這答案不算錯，但程度太低。

既然簡報的目的是產生行動，那就要追問，誰的想法將左右行動，然後針對這樣的人做足功夫。人生從來不公平，每一個人的影響力本來就不一樣，力氣當然放在刀口上。為了方便分析，我們先將簡報的聽眾分類。

簡報的聽眾分為兩種：法人與散戶

法人型指的是聽簡報的那一票人，來自同一個組織。而且其中有老闆與部屬的分別，官大與官小的差異。這一堆人，聽完簡報後，最後只會有一個決定出來。

散戶型指的是英雄來自四面八方，這些人互相不認識叫正常，認識是意外。每個人各自做各自的決策，互相不干涉影響。聽完簡報後，會有一堆決定產生。

　　以下就來分析這兩種聽眾型態的差異。

一、法人型聽眾

　　公司內部同仁，機構型客戶、供應商、合作廠商等，屬於這一類。法人型聽眾來自同一組織。組織的存在是為了利益交換，所以這表示他們之間有共同及對立的利益關係。既然有利益，就會有政治，因為政治的存在就是為了分配利益。因此，法人型的聽眾組成，可以分為四類，如下圖：

　　之前談過，定義簡報成功與否的標準只有一個，就是有沒有達到簡報目的。簡報的聽眾通常很多人，但每一個人對簡報目的能不能達到的影響力不一樣。所以要區別聽眾的角色，針對關鍵人物溝通。簡報的致命錯誤之一就是對簡報聽眾一視同仁。

簡報是心機很重的溝通方式，對聽眾一定要大小眼。

以下分別說明法人型聽眾中，這四種角色的戲碼。

決策者：
定義：通常是單數型。做最後決定的人，拍板定案的是他。

前面說簡報要大小眼，這個人就是該給大眼的人。

他經常現身在組織金字塔的頂端，但在頂端的卻不一定就是決策者。有時他會出人意表的出現在組織的邊邊角角，甚至根本就不是組織中人。他未必最英明，也常常不了解狀況。

但基於某些神秘的原因，他說了就算數。多數情況下，他有自知之明，了解自己的不足（所以古代皇帝自稱為「孤」），所以通常決策時會諮詢別人的意見。

決策者要負成敗之責。所以決策者關心的重點在投資及效益，還有各種不同利益團體間的平衡與妥協。政治考量也常左右他的決定。

決策者重視效益，以及利益的分配是不是平衡。

影響者：
定義：常作複數型，能影響決策者決定的人。也就是決策者會諮詢的人。

若說簡報時聽眾有弱水三千，此類人正是我們該取的那一瓢飲，是我們簡報時重要的溝通對象，因為他們的見解往往直接影響決策。

影響者所以能夠影響決策的原因，大致可分制度、專業、資源、喜愛幾種。

↗ 制度

職位賦予的權力，使得決策者不得不買帳，即使不是全部買。例子之一是古代的皇帝真心喜歡言官（御史）的應該絕無僅有。但真的敢完全不當一回事的也不多。以現代的企業來說，內部稽核有類似的功能。

↗ 專業

知識即權力。別人不懂的他懂，只好聽他的。水壩會不會垮、飛彈能不能飛，這是客觀的事實，黑是黑，白是白，和自我感覺是否良好沒關係。所以你發現學科學的人比較不會「硬拗」。因為科學的訓練是講證據的。

企業裡的技術部門、財會部門常因為他們的專業而扮演這樣的角色。

↗ 資源

「無欲則剛」這句成語的反面就是，如果你有別人要的東西，你就可以影響他。掌握了某些決策者想要的資源，當然就可能左右他。企業界常見的資源有，客戶、預算、技術、資訊等。比較少見的如：美色。

↗ 喜愛

最後，也有可能老闆就是喜歡他。你喜歡的人就可以影響你，甚至勒索你。這道理有小孩的人應該都心領神會。至於喜歡的原因就五花八門了，親情（老闆的家人）、愛情（老闆的情人，地上的或地下的）、友情（有革命情感的老部屬，一起打天下的兄弟、大學同學兼室友，等等，等等等），都有可能。

相對於決策者，影響者看的面會比較狹窄。因為他不需要扛最後的成敗，所以傾向為特定的利益團體出聲，比方自己的部門。也常執著某

種專業的角度，比方技術觀點，以致見樹不見林。

影響者重視專業立場，還有特定團體的利益。

參與者：

定義：常作複數型，受決策者所做的決策結果影響的人。

參與者雖然不直接左右決策，但他們的看法還是可能迂迴的影響決策。

基層員工常常是參與者。他們順從執行高層的決定，並默默接受自己權益被擺布的現實。但決策者基於組織的穩定與執行效率等因素，不會完全不考慮他們的意見。差別只在於佔比的多寡而已。

參與者最在乎的是決策出來後，他們執行時方不方便？容不容易？工作量會不會增加？如果決策徵詢他們的意見，他們就會從參與者變身為影響者。而且提的建言，通常是非常實際的作業問題。

參與者重視執行細節，及決策對作業方式的影響。

旁觀者：

定義：常態下應為零，非常態時單複數不定。參加簡報，但決策結果完全和他沒有關係的人。

這種人基本上是時空位移，走錯了會議室。原本不該有他的事，偏偏他出現了。所以說常態下應為零。不過組織大了後，非常態的事往往就成了常態。所以我們就常看到會議中坐了一堆不相干的人。績效指標愈不明確的組織，這種情況愈常見。

旁觀者對於簡報者而言只有一個意義，就是不要被迷惑。

為了確定你有了解到以上分類的精髓，出一個題目來考考你。請問，打麻將時，插花的是什麼角色？

　　相信你一定答對了，是參與者。

　　如果插花的人在看的時候憋不住要指東道西，那就成了影響者。插花插成影響者，可是會招人白目的。

　　（如果你沒打過麻將，看到這裡，不知道我在講什麼？請上網Google 一下麻將規則再回來！）

　　在簡報時，要考量決策者、影響者及參與者的屬性與興趣，忽略旁觀者。

　　如果不同聽眾組群的屬性與興趣有衝突時，決策者為優先。

　　我們來看一個案例。

案例 ❶

　　比方說你是廣告公司的業務，要對客戶提一個整合行銷的企劃案。據可靠消息來源顯示，簡報那天，客戶的出席名單是：

總經理

行銷部：行銷副總、行銷專員 A、行銷專員 B

產品開發部：產品開發副總、產品經理

業務部：業務副總、北區業務區經理、中區業務區經理、南區業務區經理

　　從這張名單，我們一般可以做出以下的判斷：

　　總經理可能是決策者。所以想要打動他的心，就要提出有說服力的

投資效益分析，證明這個企劃案花的每一塊錢，都可賺回好幾倍的回報。

三個副總當然是影響者啦！簡報時要考慮他們各個部門的立場，讓三個部門都知道這個企劃是站在他們那邊的，大家都有好處。要提到我們在規劃方案時實地走訪了解了各部門在業務推展時所面臨的困難，再強調這個方案是針對這些問題對症下藥。言談中如果能再穿插些行銷、業務、產品開發部門所慣用的術語，那就更錦上添花了。

行銷專員，產品經理及業務區經理就是參與者了。他們聽簡報時，最在乎企劃案會不會增加工作量，或帶來麻煩。只要別叫他們多做太多事，基本上老闆的決定他們都欣然接受，或即使不欣然也含淚接受。

不難，對嗎？未必！

以上這段文字的關鍵在「一般」這兩個字。所謂「一般」，意思就不是全部。也許 90% 的情況，這樣的猜測是對的。但簡報輸贏太大，不能亂賭。10% 的統計機率，對簡報者的傷害是 100%。

事實的真相可能和我們猜的差很多。其實業務副總是決策者，北區業務區經理是最主要的影響者 (也許因為北區的業績佔公司業績的六成，也可能他是公司一創業時就加入的老臣兼功臣)。至於總經理、行銷副總、產品開發副總，在這事情上只是行禮如儀的橡皮圖章。行銷專員 B 及產品經理是主要的參與者，行銷專員 A 基本上沒事，只是旁觀者。

事實的真相當然也可能有許許多多不同的其他版本。但就像名偵探柯南說的：「真相永遠只有一個！」身為簡報者，弄清楚這個政治結構的真相，是最基本的功課。如果這個案子我們一直對總經理下功夫，拍捧吹拉無所不用其極，但卻無視北區業務區經理的需求與想法，這案子

想拿到手，那就像台語俗語所說的，「阿婆生孩子，很拚啦！」

弄清楚聽眾的決策角色，是成功簡報的基礎。

所以現在有一個重要的問題要解決：我們要如何知道聽眾的決策角色？這個問題基本上可以分兩個角度來回答：聽眾是「內人」，與聽眾是「外人」。內人指公司內部的簡報，外人通常是對客戶、供應商、合作夥伴等。

聽眾是內人，但你不知道誰是決策者，那叫白目不長眼，倒楣是活該。這是「辦公室治政學習障礙症」，可以改善，但很難根治。至於如何改善，比較不是本書的範圍。有興趣的話，可以考慮看看大陸拍攝，專講宮廷鬥爭的「庸正王朝」之類的電視連續劇，可能有些提點之效，但領會多少，就看慧根了。

如果聽眾是外人，那這就是大學問了。我一直強調成功的簡報不是上了講台上才決定，事前的調查是重點、是關鍵。而且這有一套完整的理論方法和程序。不過同樣的，這更超出本書的範圍。我知道這樣的答案有點不負責，所以我就說一點我認為最重要的 —— 要有內線。

了解決策角色最有效的方法就是培養內線。

外部組織的狀況，如果在與他們往來時細心觀察，當然可以有一定的了解，這也是非常基本的蹲馬步功夫。但一個外人看到的畢竟容易只是表象，真正組織裡的權力結構，還是只有在裡面的自己人才懂。所以如果要有登堂入室的認識，就要有人願意告訴你第一手的政治動向，這個人就是「內線」。

內線的官不用大，但人緣不能差。更重要的是，他願意幫你成功。至於他為什麼願意幫你，那就要問他幫你能得到什麼利益。大多數的人

聽到「利益」，立刻聯想到的是紅包。如果這樣，我們就把人想得太低，也太窄了。利益當然可以是錢，但也可能和錢完全無關。比方說，他認同你保護環境的理念，他樂見你的成功。又或是他敬佩你的人格，覺得能幫上你的忙，是他的光榮。

每個人幫別人都有理由，理由也許都不相同，但無論如何，你要替內線找到一個理由。同時，建立他對你的信任。

二、散戶型聽眾
個人型客戶、投資大眾、記者會的媒體記者等，屬於這一類。

法人型聽眾比散戶型聽眾複雜的地方，是多了政治關係的考量。這也是上一節內容的重點。相較之下，散戶型的聽眾單純些。散戶型聽眾彼此間沒有主從的關係，各自做各自的打算，本身就是決策者，所以要各個擊破。各個擊破的方法只有一個，還是那句之前說過的話，「投其所好」。也就是分析聽眾的屬性。

下一節，談的就是這個。其中內容，不論聽眾是法人還是散戶，一概適用。

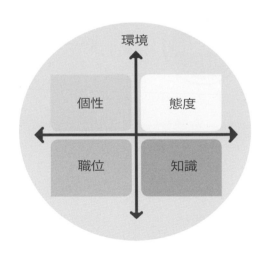

一、個性

個性太口語了，近年來如果要顯得比較有深度的話，流行說「行為風格」。

行為風格理論有許多的派別，但大致都是把人依兩個標準分為四種類型，四種類型各有獨特的氣質，近年來廣泛的應用在人際關係、溝通、銷售等領域。

簡單來說，行為風格首先將人依對環境刺激反應的快慢，分成深思熟慮與果斷明快兩類。接著，又依決策時重視人情或是任務分成兩類。兩兩相交，就得到以下的圖。

四種行為風格如下：

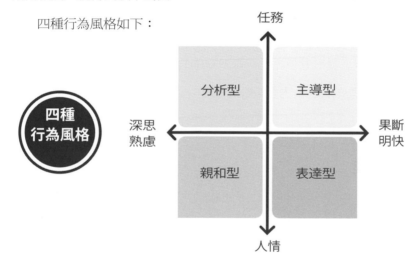

在圖中，兩條軸線切割出四個象限，於是人的行為風格就依此分成四類。

主導型：

如果一個人處事果斷明快，而且重視任務的完成與否勝於人的感

受，我們稱這類人為主導型。

表達型：

和主導型一樣快節奏，但相對之下人的感覺對不對，比事情對不對更重要。

親和型：

想得比較多，也想得比較慢。但讓他們想這麼久的原因，主要是考量大家的感受。這是親和型。

分析型：

一樣想得多又慢。但讓他掛在心上的不是人，而是他本來就習慣從各方面去仔細推敲事情。不探得究竟不放心，也不甘心。

要對這四種行為風格的人達到最好的簡報效果，就要知道他們的口味，然後投其所好。

四種類型的口味及內容策略如下圖：

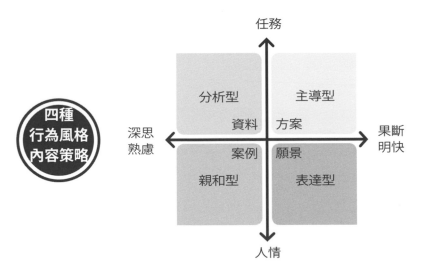

主導型：

由於重視任務步調又快，枝枝節節的分析對他們而言是浪費時間。他們想聽的時候會叫你說，如果沒叫你說，請你直接給最後的結論就好。事情該怎麼辦，利弊得失，用幾句說清楚。所以這種人最喜歡的內容是解決方案。

不過這裡的方案，後面要記得加「s」，也就是複數，方案不能只有一個。因為人如其名，主導型的人喜歡主導，他們喜歡事情在掌控中的感覺。如果只給一個方案，言下之意就是「你要不要？不要拉倒！」，文言文叫「逼宮」。

主導型的人對這種事感覺特別不舒服。但也千萬不要一下給十個方案，要他慢慢挑。對主導型的人而言，你這是對他說「您一個一個去評估吧！我不吵您。反正您老人家時間多」。主導型的人最恨浪費他時間的人，更恨人家覺得他時間多。大忌！

所以最好是給兩個方案，讓他二選一。最多不要超過三個。至於他喜歡哪一個，通常簡報一做完，他就會告訴你。如果他覺得這些方案都是垃圾，你也馬上會知道，一翻兩瞪眼。

表達型：

表達型的人重感覺，而且天生有在腦袋中將數字及文字轉成彩色畫面的特異功能。市場潛力的分析數字對他們而言沒什麼感覺，但想到訂單如雪片般飛來，數錢數到手抽筋的畫面，立刻就 high 到不行。他們熱情洋溢、妙語如珠，有他們在就沒有冷場。

對表達型的人來說，畫大餅叫包裝，無趣是罪惡。包裝過度只是浪

費地球資源，但無趣卻是罪該萬死。所以對表達型的人簡報，一定要描繪出光明燦爛的願景。

而且這個願景要明確具體，真實到最好鼻中彷彿可以聞到慶功派對中的爆米花香味，耳朵聽到香檳的清脆開瓶聲。一旦這個畫面清楚的出現在表達型人的腦袋裡了，他就會迫不及待的說：「我願意！」

親和型：

親和型的人，有溫良恭儉讓的本質，是能撫慰人心的好朋友。不過這類型的人通常不太喜歡冒險，如果你有什麼新奇的點子，找他聊聊或許還可以，但千萬不要叫他親身下海嘗試。他們最怕聽到的就是「這是全世界最新的產品，你有幸成為我們首批使用者之一，相信透過您的親身見證，一定可以……」。

基本上他們只要聽到「最新」、「首批」這一類的字眼，頭腦就開始進入休眠狀態。所以對親和型的人簡報，用成功案例來佐證是最好的方式。告訴他某某人在某某時候，在某種和他目前處境類似的情況下，做了什麼樣的決定，親和型的人會很高興以別人的經驗為借鏡。

在使用成功案例時要注意的是，案例的內容要鉅細靡遺，人事時地物一應俱全，證明這個案例是真有其事，不是瞎掰出來的。另外案例當事人的心情感受，甚至對話細節，都要如實呈現，因為這是親和型的人最感興趣的部分。

分析型：

誰最適合去當 CSI（犯罪現場）的探員？答對了，分析型的人。這型的人頭腦冷靜、思慮周密，一板一眼又有條不紊。不管外面如何風狂

雨驟，他們心中自有風雨中的寧靜。真的是「八風吹不動，端坐紫金蓮」。

　　分析型的人最喜歡的是資料，充分的資料。他們決策時討厭被打擾，更討厭被催促。你只要給他們足夠的資料和足夠的時間，火候到了自然有好菜上桌。基本上和蘇東坡煮東坡肉的口訣一樣，「慢著火，少著水，火候足時他自美」。當然，地球上的事不會都這麼完美，也可能時間到了桌上還是空空如也。不過這時就真的要大大給分析型的人稱讚一下啦！分析型的人，遇到這種場面，不會牽拖別人，也不屑胡亂編藉口，他會很精準的告訴你，由於缺乏什麼資料，他目前無法做出最後的分析結果。

　　如果你堅持他們依現況給個判斷，他們雖然倍感為難，但一般還是能生出一個答案給你。答案通常接近以下的句型：

　　「雖然真正的死因還不能確定，不過這起分屍案可以推論應該有他殺的嫌疑。」

　　對分析型的人簡報時，每個論點都要有憑有據。還是可以講笑話，但要嚴格控管時間，並且笑話的程度不要太深，他們會聽不懂。不要期望分析型的人在聽完簡報後馬上下決定。你知道的嘛！時間還沒到。留下資料，詳細的資料，讓他們在會後仔細評估研究。然後記得，「定期追蹤進度」，因為你的案子可能是他手上第十個待研究的案子。

　　除了內容的差異之外，不同類型的人對提案企劃的格式也有不同的偏好。

　　對於四種行為風格的人，對提案企劃的提案格式也有所不同：

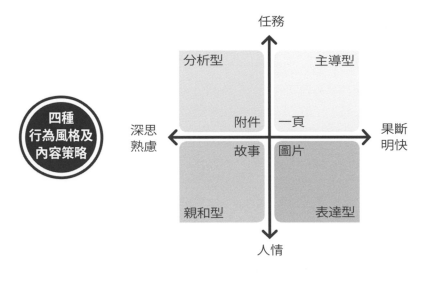

主導型：

提案最好不要超過一頁，最多兩頁。不同方案的利害得失，條列清楚。其他的資料放在附件。附件一定要準備，但不一定要給，給了他也不一定會看。但如果他要了你給不出來，主導型的人會很不爽。

表達型：

表達型的人相信「沒圖沒真相」，所以提案要加圖片。同時因為這型人的人生原本就是彩色的，所以一定要彩色列印。

親和型：

說故事就對了。把自己當成寫哈利波特的 JK・羅琳。人事時地物要清楚交代，親和型的人才會有感覺。

分析型：

1 頁的總結，加上 50 頁的附件。而且附件他一定會看。看完後還告訴你什麼地方有錯字。

最後，關於簡報聽眾的個性，我們只剩一個問題了，就是我如何知道他的行為風格。

先說理論上的答案。這東西有量表，也就是填份問卷，然後算一算分數就可以知道你這人是哪一型。這種量表有好多版本，都是人家智慧的結晶，受智慧財產權法保護。我當然有，但基於尊重版權，我不能附在書裡給你。可是現在網路上資訊這麼發達，其實你只要用「行為風格」搜尋，然後，就可以……，啊！我真的不能再說了。

再說實務上的做法。自己用量表測自己是哪種人當然沒問題。但如果簡報前跑去找參加的聽眾發問卷，說：「陳總經理，為了對您有深入的了解，以加強簡報的效果，麻煩您先填一下這份問卷。」這樣大概會被掃地出門。

所以問卷的方法實務上不可行。但沒關係，行為風格分析的最大好處之一，就是風格可以預測行為，而從行為也可以看出風格。只要回到理論的原點，道理就很清楚。

先看理論的橫軸。人分兩類，深思熟慮及果斷明快。以行為來說，深思熟慮的問得多，果斷明快的人喜歡講。所以先看這個人愛問還是愛講。愛問的人住左鄰，愛講的人住右舍。

其次看縱軸。樓上的人重視事，樓下的人重視人。所以樓上的人比較冷靜，樓下的人比較熱情。以行為來看，樓上的人表情和手勢都比較

少，談話內容通常圍繞工作或事情。反之樓下的人表情豐富，手勢也多，習慣對人噓寒問暖。

　　上面這兩個觀點綜合起來，就可以大致判斷聽眾是哪一型的人，然後選擇適當的溝通手法。

　　行為風格在面對法人型聽眾時很好用，因為目標清楚確定，可以精確的瞄準射擊。但對散戶型聽眾時，就比較使不上力了。不過即使對散戶聽眾時，還是有參考價值。因為行為風格可以從一些線索做大方向的推測，雖然結果不適用所有人。比方說，行為風格和從事的工作性質，就有一點關係。

　　從事研發、技術工作的人，你認為什麼種類多？分析型嗎？從統計結果來看，的確如此。

　　在行政後勤職位的，可能親和型的人多一些。業務行銷人員，表達型的比例偏高。在組織中擔任主管的，不管原本的性格如何，通常最後被磨得比較像主導型。

　　所以技術研討會的簡報，數字資料要完整豐富。

　　如果來的聽眾行銷業務人員居多，不妨氣氛活潑一點，多用些五光十色的花樣，效果不錯。

　　聽眾多從事行政相關的工作，調性要溫暖，多點人情味。

　　來的都是主管呢？記得講重點，少廢話！

　　在結束行為風格的討論之前，最後還有一點說明。行為風格談的是影響人類行為底層且穩定的因素，有一定的依據。但人畢竟是很多樣的，

四個類型並無法一網打盡人類行為的可能性。人也是多變的，同一個人在不同處境下可能有截然不同的行為。參考就好，但不用緊抓不放。

二、態度

這裡的態度和簡報成功六要素「TAIWAN」中「A」的態度意思不一樣。(中文的態度本來就有好多意思啊！這又不是我的錯！) 這裡是指聽眾對我們要他們做的事，抱持什麼樣的立場。也就是對於步驟一，主詞加動詞中的「動詞」，他們到底是什麼想法。

態度分為三種：反對、支持、中立。分法雖簡單，卻是簡報策略的關鍵。

> **反對的態度，重點在「為何」：**
> 如果知道聽眾的態度是反對的，那簡報的重點就在「為何」，
> 也就是引起動機。也就是為什要做這件事的理由。

聽眾的態度是反對的，簡報的重點在「為何」。

案例 ❶

好比要說服公司財務副總同意更新筆電，如果知道這副總的態度基本上是反對的，那要買什麼廠牌，什麼規格就不是重點。先證明非換不可才是關鍵。以時間分配來說，如果簡報全長十分鐘，那就大約七分鐘談為什麼一定要換。剩下的三分鐘談預計採購的品牌及機型。甚至最後三分鐘先扣著不講，多留點時間給副總發問。到確定副總願意接下去聽的時候，後面的菜才上。

有時明知聽眾是反對，這時不但不坐以待斃，還要主動出擊！比方這是一場對客戶的簡報，簡報前你就知道客戶對你們產品的某一個功能

很不滿意。你可以先發制人，簡報一開頭就說：「根據我們在之前的訪談及調查，發現貴公司的品質部門一直認為我們產品在可靠性方面，無法符合標準。今天我們將從三個方面深入來談這個問題，首先……。」

閃躲不會改變聽眾的態度。主動提出他們掛心的疑慮，讓聽眾感受我們真正了解他們的需求，有備而來，反而可以取得較有利的位置。

案例 ❷

類似的狀況，發生在我的課堂。我上課時總是滿懷熱情，但學員就未必了。不少企業喜歡在週末上課，因為不影響正常工作。但這樣對有些學員而言，等於是被逼來無薪加班，心中的哀怨不爽不在話下。

這時候說「學海無涯勤是岸」「活到老學到老」什麼的，都是屁話，聽不下去啦！所以我會問：「請問今天來上課，心中充滿喜悅與期待的請舉手？」通常沒有什麼人舉手，如果有人舉手，也會被取笑說「別假了啦！」「老闆又不在，看不到啦！」等等。然後我會再問：「那接下來請問，今天這個美麗的星期六，原本該是陪心愛的人吃喝玩樂的時間，卻被弄來這裡耗一整天，心中有一絲絲不滿與怨懟的請舉手？」即使不見得有人舉手，但大家至少很開心可以起鬨表達不滿的情緒。接著，我會再說：「有人說跌倒時不要急著爬起來，先摸摸地上有沒有錢可以撿。因為既然已經跌倒了，就要儘量想辦法讓這次的痛苦值回票價。沒有意外的話，今天下午 5:00 下課前，我跑不掉，你們也跑不掉。你可以選擇從現在起開始關上耳朵，專心抱怨，空手回家。或是聽聽我們要談的主題，多少撿些東西帶走，減少損失。運氣好的話，說不定今天會是一趟豐收的旅程喔！」

你會看到學員臉上流露出想笑又不好意思笑的神情。魔術般的，教

室的氣氛有奇妙的改變，即將來臨的課程，好像沒有那麼難忍受了。

魔術的關鍵可以分解成幾個步驟：（是技巧就可被分解，還記得吧？）

1. 我從學員的立場思考，同意來上課是痛苦的。（今天這個美麗的星期六，原本該是陪心愛的人吃喝玩樂的時間，卻被弄來這裡耗一整天。）

2. 這不是我的錯，我也是義務在身。（今天下午 5:00 下課前，我跑不掉，你們也跑不掉。）

3. 但我可以讓結果比較美好，如果我們一起合作的話。（你可以選擇從現在起開始關上耳朵，專心抱怨，空手回家。或是聽聽我們要談的主題，多少撿些東西帶走，減少損失。運氣好的話，說不定今天會是一趟豐收的旅程喔！）

當我告訴你，我可以接受你不同意我的意見時，我們開始對話。

聽眾持反對態度時，先破再立

> **支持的態度，重點在「如何」：**
> 如果已經知道決策者支持你的想法，這時再多談為什要這麼做是浪費他們的時間。時間配置比例要倒過來，七分談如何執行的細節，三分補強一下事情的重要性及為什麼要做的原因就可以。

一樣是要更新筆電，當我們知道財務副總預算都編好了，多談更新的必要性就多餘了。重點要放在採購的品牌及規格，以及專案執行的時程及所需支援。所以，重點在「如何」，在執行的方法。

這種情況下，有個簡報者常犯的毛病叫做「給你方便你就隨便」。

當我們知道聽眾支持我們的想法時，常一樂之下昏了頭，忽略聽眾究竟真正支持的是什麼？一樣拿上面換筆電的事當例子。你認為財務副總已經支持現在換筆電了。但其實他雖然支持換筆電，但卻不是「現在」，而是六個月後再來換。

再比方總經理可能支持你擴大產能，但卻不同意你所提的擴大幅度，也不同意你要求的投資金額。這些聽眾的不同態度，都會影響我們的簡報策略。

所以除了再次強調簡報前的調查很重要之外，「TAIWAN」中的那個 I 要派上用場了。還記得嗎？I 代表「Interaction」，互動。簡報時要隨時確認聽眾的狀態，以免陷入自彈自唱自樂，不知所以的處境。以下例句，可以參考。

簡報者：「很高興能和各位長官報告這次的廠房擴建方案。根據我們事前的了解，目前大家都同意，未來三年的需求將維持每年 25% 至 30% 的成長，所以公司產能勢必將嚴重不足，請問這樣的前提，大家有沒有不同的看法？」

分析：

1. 如果大家都沒反對，這下子你師出有名，可以長驅直入，直接切入執行的要點。比方說要人、要錢或要權。

2. 如果有不同看法，正好趁這個機會再溝通聚焦一下。如果簡報事前的功課做得夠，這時候最多只是微調，不傷大局。那你說，如果這時才發現錯判情勢，其實大家是反對的，那怎麼辦？答案是很難辦。但再怎麼難辦，這時處理，也比不管聽眾想法，一味硬幹的傷害來得小。

但不管是狀況一還是狀況二，簡報的重點都在補足決策所需資訊。所以事先分析決策者「卡」在哪裡，是這時候的重要工作。

一般而言，當決策者的態度是中立時，原則上五分談為何，五分談如何。兼顧動機與方法。

三、知識

這裡所謂的知識，不是指教育水準，而是對簡報題目了解的程度。對簡報題目了解多少，和聽眾的專業背景有關，也和聽眾接觸這個題目的程度有關。搞銷售的聽不懂搞研發的在做什麼，這是普遍現象。新接一個案子的人，對案子各個環節的掌握當然也比不上老鳥。

如之前所說，簡報的目的在讓聽眾經由了解產生我們期望的行動，所以如果聽眾因為對簡報題目的知識不足，以致無法理解內容，那這絕對是簡報者的問題，而不是聽眾的問題。聽眾最大，聽眾不但有誤會的權利，甚至還有無知的權利。

聽眾有誤會的權利，甚至還有無知的權利。

因知識落差而造成的問題中，最常見的是錯用術語。所謂「術語」，是同一領域的人，為提高溝通效率而發展出來的一套語言。用這套語言，除了溝通特別有效之外，也是一種身分的認同。你會說我們的語言，就表示是自己人，是好人。

很多做電腦生意的，不說我在資訊產業，而說我做 IT(information technology，資訊科技)，就是一個例子。IT 說寫起來當然比資訊產業輕鬆容易。另一方面的意義是，如果我說 IT 而你聽得懂，接得上話，表示都是圈內人，接下來可以談更深。

青少年的火星文及黑社會的黑話，也有一樣的功能。

掌握聽眾的知識程度，適當的丟出幾個聽眾常用的術語，可以建立聽眾的認同。但如果使用不當，不但聽眾聽不懂，還會被當成異類。

所以，請精準掌握聽眾對議題的了解程度，並以他對此議題的知識水準進行對話。

四、職位

職位不同，關心的事就不同。組織高層重視投資效益，中層著眼策略方向，基層則關心執行細節。董事長聽簡報，大概只在乎多少時間內，可以賺多少？對第一線執行的同仁，則要說清楚可能遭遇的問題，及如何得到協助。

另一方面，不同的位階，對細節的興趣也不同。位階愈高，對細節的需求愈低。不同位階對細節的需求量，右邊這張圖可以參考。

右邊這張圖的百分比，只是個大約的參考標準。前面說過的「行為風格」，是另一個決定要

在內容中放多少細節的因素。比方說分析型的聽眾，一般而言就比表達型的更期待在簡報中看到細節。

所以拿捏之間，還要大家明智的判斷。但有一點是絕對錯不了的，就是職位不同，口味也就不同。

五、環境

了解目標聽眾的個性、態度、知識、職位，當然需要細心的觀察。但是，到了上台做簡報的時候，還有一個「有點重要、又不會太重要」的變數，那就是「環境」。

這裡指的環境，是指你的聽眾在聽這一場簡報的時候，有沒有哪些其他因素，會影響到他接受這個簡報的結果。

所以環境就是：聽眾在聽這個簡報的時候，他所處的一種狀態是怎麼樣。

比方說，去一家公司提案，到了現場才發現：競爭對手竟然前腳剛走，椅子都還是熱的！那就要揣摩，對手可能下過什麼藥、可能使出什麼戰術，然後針對這個情況，去做出適當的對策。

又比方說，今天人家總經理跟你約十一點，給你一小時作簡報。結果人家總經理事情比較忙，到了十一點五十分才出來，這時就要考慮到吃飯時間了。你餓著肚子講不難過，別人餓著肚子聽可是很痛苦。所以呢，即使原本答應你一個小時，這時候要抓到重點講，考慮吃飯，最好十二點前還是準時結束。

有時候，你負責的簡報，只是一系列簡報中的一環，這時候就要注意承先啟後。像是有些研討會，會針對相關主題做一系列的簡報，很可

能前面的人已經講過什麼了，或者後面還會有人要接著講。這時候就要識相點，前面的說了什麼，就不要重複說，也留點給後面的人講。

組織的狀況也要考慮。公司如果現在是在賺錢的階段，他可能對於所謂的「擴張」、「成長」的論述觀點特別有感覺；可是，如果今天公司是在一個營運不佳，甚至是「虧損」的狀態，他可能對於 cost down、所謂「節流」的概念就會特別有興趣。

以上種種都是「簡報環境」的一些例子，總而言之，所謂的環境因素，就是在你做一場簡報的時候，除了前面講的聽眾個性、態度、知識、職位四個因素之外，其他跟周遭環境、其他變數有關，可能會影響到簡報結果的事情。因素很多，不容易分門別類的一一舉出來。唯一的關鍵就是「設身處地」的替別人想。

在結束這章，前進到下一章談簡報的結構之前，細心的你是不是覺得我似乎漏了一個重要問題。對的，那就是說了這麼多，可是究竟我要如何才能了解聽眾的屬性呢？這問題沒有標準答案，但有可供參考的原則。

check 了解聽眾屬性的方法

了解聽眾屬性的方法：直接問、間接問、推測

有三個方法可以幫我們了解觀眾的屬性，分別是：

❶ 直接問　　❷ 間接問　　❸ 推測

❶ 直接問

在設計教育訓練課程之前，我們會對學員做課前的問卷調查。透過這個調查，可以了解學員工作上面臨的問題，對課程的期待等重要的訊息。這就是一個直接問的典型例子。

直接問，是真切的第一手資訊，最精準，最管用。

假設你下星期要做簡報，副總是決策者。說不定副總很歡迎你在正式報告之前，和他先私下溝通。這時你可以考慮問以下這類問題：

「副總，這件事情，我認為您基本上是支持的。不過您在……方面還有些疑慮，對嗎？」──問「態度」。

「副總，下星期一的簡報，關於……部分還需要我逐項說明嗎？還是直接進行方案的評估？」──問「知識」。

「副總，請問進行這項專案時，有哪些事您特別關心的？」──問「環境」。

有下這樣的功夫，簡報就能抓住聽眾的心了。這事常常不難，只看你要不要，還有敢不敢。

❷ 間接問

有些時候，真的沒辦法直接問到關鍵人物。問不到的原因可能是他們太忙，可能是你不方便問，可能是他們搞神秘，理由有千百種。但就此放棄絕不是個好主意。這時可以繞個彎，間接問。也就是問了解關鍵人物胃口的人。

在公司裡，秘書、特助等人，也許是最了解大老闆心思的人，和他

們聊聊應該有收穫。或者你沒和這位大頭交過手，但你的主管曾被他大加讚揚過。這時當然就不要客氣，好好借力使力，才不會白費力。

沒有人是獨立生活的，凡走過必留下痕跡。只要問對人，掌握一個人到相當程度，不難！

傳統的中國人開會只是行禮如儀的形式，會前會才是重點。事先不弄清楚風向，絕對是體無完膚、凶險萬分。所以如果簡報對象深受此種文化的薰陶，會前的探底更是攸關生死成敗的大計。

❸ 推測

有時候簡報的聽眾來的人數多，組成複雜，甚至誰會來都不知道。這時以上兩招都不好用，那就猜吧！但說猜程度比較低，叫推測好得多。兩者的分別在有沒有根據。

如果來的人多是 20 到 30 歲的女性，簡報的時節又是炎炎夏季，那用夏天的肌膚美白當開場，大家可能有興趣。

如果來的人都是理財雜誌的訂戶。那天分析世界經濟局勢時，請一定要連結到個人理財的策略。

只要用心，又肯事先搜集資料，推測可以八九不離十。誤差一定還有，但不礙事。

以上三個方法，總結起來，就是簡報要有針對性。簡報前，腦中要有一個鮮明的聽眾樣貌，而所有的簡報內容及策略都是針對他們而來。

好啦！我們往下一章走吧！

重點整理

★ 沒辦法一套簡報走天下！總經理關心的和課長不同，研發部和業務部關心的也未必一樣，雖然來往的都是人，但適用的簡報策略也不同。

★ 簡報的目的是產生行動，那就要搞清楚，誰的想法將左右行動，針對這樣的人做足工夫。

★ 簡報的致命錯誤之一，就是對簡報聽眾一視同仁。

★ 人的行為風格可以分成四類：主導型、表達型、親和型、分析型四種

★ 簡報策略中，態度分為三種：反對、支持、中立。
  聽眾是反對的，簡報重點在「為何」
  聽眾是支持的，重點在「如何」
  聽眾是中立的，重點在「平衡」

★ 有三個方法可以幫助我們了解觀眾的屬性：直接問、間接問、推測

重點整理

聽眾屬性 法人型聽眾：來自同一組織。如公司內部同仁、機構型客戶、供應商、合作廠商等。一般的簡報對象多是這種。

最主要有四種角色：

❶ 決策者
通常是單數，是做最後決定的人。重視投資和效益。

❷ 影響者
通常是複數，影響決策者決定的人。能夠影響決策的原因，大致可分為制度、專業、資源、喜愛幾種。

❸ 參與者
通常是複數，受決策者所做的決策結果影響的人。基層員工常是參與者。

❸ 旁觀者
會議中不相干的人。旁觀者對於簡報者而言只有一個意義，就是不要被迷惑。

MEMO 記下想到的點子

CHAPTER 4

步驟三 架構內容

為了要達到簡報的目的，
必須讓聽眾「記住」、「了解」、「相信」
我們的簡報要點 (Power Point)。
而為了達到這個效果，
要點需要被「說明」，需要被「包裝」，
最後還需要被「重複」。

⬤check 本能與本事

　　進入簡報的「架構內容」這一章前，讓我先說個自己的親身經驗。這次經驗讓我對「學習」這概念，有更深入的體會。

　　我讀研究所時學過一段時間的空手道。在空手道館裡，教練會教你打「形」。所謂的形，就是一種固定的拳法，一個「套路」。空手道有許多形，初學者通常從「平安形」，「天地形」開始。如果不考慮動作中的殺氣，基本上「形」像是種體操，因為動作的姿勢與順序都是不會改變的。

　　我在學形的當時，心中很有疑惑。打架的時候，敵人的拳腳都是沒頭沒腦來的，誰管你先後次序。練這套死架式，能打嗎？整間道館沒人問這個問題，教練看來也沒打算解釋這個問題。

　　我從來都是悶不住的人。忍了一星期之後，終於發難了。那天練完平安形初段後，滿身大汗，兩眼發昏的我，用還在喘的聲音問外號苦海女神龍的黑帶兩段，正妹酷教練：「我們練形練得這麼辛苦有用嗎？打架不講規矩。這一套練得再熟，也不會有人照順序餵你招啊！」苦海女神龍斜眼看了我一下，沒答話。忽然身形一沉，馬步下壓，一個正拳攻擊就往我前胸招呼。事情來得突然，吃驚之下，我忙著一邊用右手撥開，一邊兩腳急往後跳。但胸前還是結結實實的挨了一拳。

　　苦海女神龍笑得很開心。「我剛才只用了五分力！」，「否則會更好玩」。我知道她所謂的更好玩，就是我會死得更難看。大概是跌坐地上，像西施一樣捧胸皺眉之類的。「你剛剛的反應是本能。所有沒練過的人，遇到這種偷襲的時候，姿勢都差不多像你這樣。」苦海女神龍說。

「但打架不能只靠本能，要靠本事。本事通常會違反本能，但比本能有用。練形就是練本事。比方我們剛剛打的平安形初段裡，有一個動作是右腳前弓，左腳後箭，同時右手撥擋。再跟著左手從腰間出拳反擊。一般人遇到攻擊時不會有這樣的反應，但如果能作出這樣的動作，絕對能大大提高防身自衛的能力，這就是本事。」

「本事練久了，又會變成本能。」苦海女神龍接著說。「比方剛剛說的那個動作，你每天練一百次，連續練一百天，下次我同樣偷襲你的時候，可能你就右手一擋，左手立刻回我一拳啦！當然，只是可能啦！這還要看你多用心，還有資質如何。不過有形總比沒形好，有練一定有差！」

所以，這一章我和大家談的簡報內容結構就是一種套路，一套拳法。它的重點不是要大家一步不漏的照套，而是給大家一個思考的切入點，一個思想的參考結構。有這個當基礎，方便大家從本能發展到本事，最後再練成本能。學習的過程通常經過「依」「破」「離」「立」四個階段。在還沒自成體系之前，就先來「依」一下吧！

完整的商務訊息

一、什麼是商務訊息？

溝通基本上分成兩類，「商務溝通」及「非商務溝通」。

在第一章我們說過，簡報是溝通的型式之一，而且是批發式的溝通，

是心機很重的溝通。這裡再補充一點，如果因為工作的需要而做簡報，那這簡報就同時還是「商務溝通」，傳達的是「商務訊息」。我相信看本書的大多數讀者是在工作場合做簡報，所以有必要進一步說明商務溝通的意義，以及如何組成一個完整的商務訊息。

什麼是商務溝通？目的在追求效率的溝通，就是商務溝通。

商務溝通的目的是追求溝通的效率。

那什麼不是商務溝通？溝通的效率不重要，溝通時候的感覺，fu，才是雙方最關切的。

非商務溝通更在乎溝通雙方的感受，而不是效率。

這分類很容易在生活經驗中找到例子。

以下是商務溝通的例子：

1. 向老闆報告工作進度
2. 要求供應商處理一批品質有問題的材料
3. 請別的部門協助解決某個專案進度落後的問題

商務訊息的共同特點是傳遞訊息的時間要短，談完後問題要解決。

非商務溝通，就像以下情況：

1. 熱戀情侶，花前月下，卿卿我我的情話綿綿
2. 孩子依在媽媽的懷裡，說今天學校的運動會，他跌得有多痛
3. 工作表現優異的部屬，覺得自己在公司不受重視，打算離職。主管想慰留他

非商務溝通，時間的考量通常先放一邊，因為時間常是培養感覺的重要養分。而非商務溝通，要的就是這感覺。

溝通講究看場合。商務溝通與非商務溝通若不小心搞混在一起，輕則惹人厭，重則翻臉。

案例 ❶

老婆加班三小時，一肚子委屈。在家好不容易等到加班五小時的老公回家，開始從公司的董事長一路數落到隔壁部門的小林。十分鐘後，老公一時精神不濟 hold 不住，小小聲的問了一句：「老婆，請問你要講的重點是什麼？有什麼要我幫忙的，可不可說直接一點？」接下來會發生什麼慘劇，大家自己猜。

老婆要講的重點就是沒有重點，她也不需要什麼幫助。她要的也許只是一個安慰的擁抱，一副耐心的耳朵，一句鼓勵。老公把非商務溝通當商務溝通來處理，注定找死！

相反，如果你對老闆報告某項研發專案的進度，那真的就是要抓重點了。你講話的時間，公司有在付薪水。而老闆聽話的時間，成本更高。那究竟重點要如何講，才能講得清楚？講得有效？商務溝通所傳遞的訊息，就是商務訊息。商務訊息的格式對不對？完不完整？就決定了商務溝通的成效。

二、商務訊息的結構與元素

為什麼在進入架構簡報內容的主題之前，要先談商務訊息？因為商務訊息的觀念大過簡報的觀念。簡報的運用，不離商務訊息的格局。心中有商務訊息的概念，簡報時就更容易拿捏分寸。

商務訊息的格式，基本上像下面這張圖：

商務訊息的要素有三個，問題，答案，行動。以下分別說明。

❶ 問題

正面案例：

「經理，這次所以要請您特別撥出 30 分鐘寶貴的時間，是因為您最關心的 X168 產品，研發已告一個段落。但在正式量產上市之前，還有一個重要的品質問題需要您的協助才能解決。」商務溝通時，大家都是和時間賽跑的大忙人。所以人家活得好好的，沒事為什麼要聽你講話？唯一的原因就是，和你講話，能解決他們關心、在乎的問題。

上面的例子中，你的弦外之音其實是，「經理，你很在乎 X168 這個產品能不能準時量產上市對吧？對的話，就乖乖坐下來好好聽我講。因為你如果不聽的話，有個品質問題會讓你倒大楣！」

這下子，經理再忙，也知道不好好聽你說是不行的了。

反面案例：

「經理，我上星期到蘇州出差，看了三家我們公司的供應商。你知

道，當我們的供應商其實日子都過得不錯。像星期二我看的 A 公司，光今年上半年就接我們公司 3 億人民幣的訂單，可是……（以下刪去 512 個字，以免有混稿費的嫌疑）。」

除非經理他真的很不忙，或是你真的很可愛，否則我們對你在公司的前途不敢樂觀。

以一個對方關心的問題，做為商務訊息的開頭。這樣對方才有動機聽下去。

❷ 答案
提出問題就請給答案，否則我當你是來亂的。

職場上我看過很多病理學家型的員工。病理學家的工作是找出病因，但是該如何治療，是醫師的職責，他基本上不直接參與。病理學家深入解析病因，地位崇高，在醫學的分工上非常重要。但如果員工在企業裡一不小心成了病理學家，那就玩完了。

病理學家型的員工會在公司裡到處走動，告訴你本公司問題不大，只有兩個問題。就是這裡也有問題，那裡也有問題。你問他，那你有什麼解決問題的高見，他雙手一攤，說：「我的專長是找問題，至於解決問題請另找高明！」聽到這樣的回答，主管應該會很想大義滅親！

不要當病理學家型的員工！

所以問題之後，一定要跟著答案。答案可以不完美，但不可以不完整。答案不完美是因為有時候資訊不足，所以必須在某些假設條件下處理問題。這些假設正確與否，可再進一步檢驗，但至少表示你頭腦清楚，而且用力想過。完整的答案則是要格式正確，邏輯嚴謹。

答案可以不完美，但不可以不完整。

商務訊息的完整答案，包含三個部分

(1) 結論——你對那個對方所關心的問題，提出的最終看法
(2) 根據——你得到上述結論時，所依據的證據、資料
(3) 方法——你用什麼方法取得上述的證據、資料

要強調的是，上面的三個部分「結論」「根據」「方法」，結論要先講。

完整商務訊息的答案，包含「結論」「根據」「方法」三部分。結論要放最前面。

為什麼結論要先上？我們來看以下兩個正反面例子。

反面案例：

「親愛的經理，這個專案，我們花了三天不眠不休的努力。一開始我們從以下五個方面蒐集資料與樣本。分別是……

（這部分講完，過了 10 分鐘）

接下來，我們將這些辛苦得來的數據，以……方法，進行交叉比對及分析。當我們得到初步分析結果時，非常驚訝。因為按照……理論，不應該是這樣的。

（這部分講完，又花了 10 分鐘。這時老闆已呈眼白上翻，表情呆滯的狀況。但還勉強用膠帶貼住眼皮）

但是我們不死心，所以繼續用……儀器還有……儀器，反覆檢驗。

但仍然得不到預期的結果。我們於是懷疑，……理論不適用於這項專案。最後，我們決定進行最後的測試，就是用……加上……，再配合……。歷經這些努力與嘗試，我們最後必須很慎重向您報告，這項專案，有技術上不可克服的困難，公司應該立即停止。」

（又經過了 10 分鐘，所以總計 30 分鐘過去了。但這時候，老闆忽然完全醒了！「你說什麼？你說什麼？為什麼這案子不能做？你不是一直很有把握的嗎？你給我說清楚！說清楚！再說一遍！！」（OS：因為我剛剛睡著了）

這個故事給我們的啟示是，當主管是勞力密集的工作，不要挑戰主管的體力。否則他會有點不爽，然後他會弄得你非常不爽。

正面案例：

「經理，您上週三交代我們研究的專案，經過我們評估，建議公司不要執行這項專案！」

經理聽完這段話之後，只有兩種反應：

(1)「你辦事我放心！你說不做，我們就不做。其實，我原本也就認為這專案不適合我們公司！」這時候你可以考慮說「老闆英明！」然後就散會了。當下省了 30 分鐘的時間。

(2)「怎麼會不能做呢？原本你不是信心滿滿的嗎？怎麼現在說不行呢？你好好說清楚！」你接下來的簡報，保證主管聚精會神，一字不漏。

智者說：「愛的反面不是恨，而是冷漠。」商務溝通不怕對方反對，只怕對方沒反應。對方如果反對，你就可以對症下藥，針對他的疑點，

試著去說服他。反正最後結果不是你說服他，就是你被他說服。不論如何，總是有下一步行動，事情有進展。但如果是沒有反應，這一等待，可能就天荒地老了。

提出答案時，先講結果，再講如果。

結論是「結果」，你論點的「根據」與驗證的「方法」是「如果」。當「結果」符合聽眾期待時，「如果」就變得不重要，甚至可以略過。當「結果」和聽眾預期不一致時，聽眾通常會要求進一步的解釋。而這時，他的注意力，已經徹底被你喚醒了，歡迎你長驅直入了。

「根據」「方法」當然要緊扣「結論」，答案才會有殺傷力，穿透力。不過這一部分，在這裡我們先跳過。在第五章談簡報結構的主體時，會進一步說明。

❸ 行動
商務訊息最後一定要帶出行動。不需要行動也是一種行動。

後面這句話很有哲學味道。和「人生永遠在做選擇，不做選擇也是一種選擇」的境界不相上下。不過我們這裡不談哲學，要說的是，商務的世界裡，你給對方一個訊息後，一定要很清楚的讓對方知道，你希望他做什麼？至於他做不做，那是下一步要處理的事。但沒有這個你要求的行動帶頭，就不會有下一步。

職場上也有很多郵差型的員工。郵差型的員工，只負責把信息送出去。至於收件人有沒有拆信來看，懂不懂信裡的意思，了不了解該做什麼，一切留給收信人去開悟，統統不關他的事。

不要當郵差型的員工！

商務訊息是為了效率，所以不要留曖昧的空間給聽眾自己去猜。溝通的成敗不能靠手氣。你到底要對方做什麼，講清楚，說明白。

範例一：對方要做什麼

「經理，經過我剛剛的分析，相信您了解目前研發進度落後的原因了。為了讓這個重要的產品準時上市，我需要您從 XXX 部門，再調三位兩年以上經驗的電機工程師，全時間投入這個專案。如果這樣的話，我們就可以依原訂時程，在聖誕節上市。」

範例二：對方不要做什麼

「經理，關於這個專案，目前一切依計劃進行，沒什麼需要您協助的。請放心去攻頂聖母峰吧！」

範例一或範例二的行動，經理同不同意，再說！但至少經理不會在聽完報告後喃喃自語，說：「啊你現在到底要我怎麼樣？」覺得像鬼打牆一樣。

三、小結──簡報與商務訊息的關聯

商務訊息以問題開始，以行動結尾，中間一定要給完整的答案。答案先說結果，再說如果。

設計簡報內容的時候，如果能融會貫通這樣的原則，功力就已經提升一大段了。

⬤check 簡報的基本架構

一般來講，簡報的內容可以分成「三大五小」：三大塊、五小塊。再強調一次，這不是定律，但這是一個幫助我們面對題目時比較容易切入的工具。你不一定要用這個公式解，但是，它會有幫助。

我們先看三大塊，這三大塊分別叫做：開場、主體、結語。

開場，可以分成「開場白」跟「簡介」兩小塊。

結尾，可以分成「結論」跟「結尾語」兩小塊。

三大塊	五小塊	時間比量
開場	開場白	10%
	簡介	
主體	主體	85%
結語	結論	5%
	結尾語	

上面這張圖最後面的時間比重，是各個部分在簡報中約略的時間佔比。開場與結語加起來，大約佔簡報時間的 15%，甚至更少，但對聽眾印象好壞的影響，卻遠大於 15%，不可不慎重。詳細的意義，我們後面晚點再解釋。

一、開場；開場白與簡介
開場很重要，因為它決定了聽眾整場簡報的胃口與消化能力。而開

場中的開場白，就是影響胃口的關鍵。

　　一個建議，不要站到台上就急著開講。你可以花幾秒鐘環視聽眾，然後再用自在的語氣，開始你的簡報。這幾秒鐘的空白，一方面讓你好整以暇的進入狀況。另一方面有人上台，卻沒人講話這樣的反差，會引起聽眾的好奇，是一開始就拉住他們注意力的好方法。

　　讓我用個例子來說明開場。但是先說好，這個例子裡的數字，純屬虛構。

　　「各位好朋友，今天很高興在這裡跟大家見面，不過我必須很遺憾地跟各位報告，從我們剛剛進到這個教室到現在正式開始，這短短半個小時裡面，台灣因為癌症而過世的人，又多了四十五位。

　　我不是醫生，我沒有辦法跟各位分享最新的癌症的治療技術。而直到今天，癌症的成因也還有太多的謎團未解。但是現在我可以跟各位分享這三年來我做了一件事情，而這件事情讓我的體質有非常大的改善，同時覺得精神比以前好很多。我做的事情就是『吃素』。

　　很多人聽到吃素，心中就會有三個問題：第一個是，營養夠不夠？第二個，會不會很麻煩？第三個，會不會很難吃？那我們現在就針對這三個問題，來跟大家做一些分享。首先，我們來談，它營養夠不夠……」

　　這段話裡面，包含了兩個要素：開場白及簡介。我想聰明的各位應該可以從開場白及簡介的字面意思，分得出來哪一部分是開場白，哪一部分是簡介。但是為了確保學習品質，我還是斷一下句，以免誤解。

　　各位好朋友，今天很高興在這裡跟大家見面，不過我必須很遺憾地跟各位報告，從我們剛剛進到這個教室到現在正式開始，這短短半個小時裡

面，台灣因為癌症而過世的人，又多了四十五位。

　　我不是醫生，我沒有辦法跟各位分享最新的癌症的治療技術。而直到今天，癌症的成因也還有太多的謎團未解。但是現在我可以跟各位分享這三年來我做了一件事情，而這件事情讓我的體質有非常大的改善，同時覺得精神比以前好很多。我做的事情就是「吃素」。

　　（以上這部分，是開場白。）

　　很多人聽到吃素，心中就會有三個問題：第一個是，營養夠不夠？第二個，會不會很麻煩？第三個，會不會很難吃？那我們現在就針對這三個問題，來跟大家做一些分享。首先，我們來談，它營養夠不夠…

　　（以上這部份，是簡介。）

❶ 開場白
開場白，目的在引起聽眾的興趣，增加吸收的效果。

　　在做一場簡報的時候，簡報者通常是有所求而來，所以心情是比較興奮的、比較積極的。可是很多聽眾對於為什麼要聽這一場簡報，抱著不知所以或是懷疑的態度。開場白的目的必須能夠讓聽眾知道：「欸，這個題目有趣，來聽一下」以及「這個題目是跟我有關的」。

　　剛剛的例子裡，在開場白的部分，我用了一個數字，加上一個恐嚇。

　　首先，我用一個數字，讓你們知道這是一個明確，而且是非常證據確鑿的事情。（再次提醒你，四十五那個數字是我虛構的，你在你的簡報裡引用的數字一定要先做過功課。）

　　接著，我用恐嚇的。由於每半小時 45 個，這個數字非常高，高到

超乎你想像的，其實我言下之意就是說：「你不要以為下一個不是你！」既然下一個有可能是你，那就請你認真一點聽！這就叫做開場白，目的在於引起聽眾對於這場簡報的興趣。

開場白的取材，大致可以整理成以下幾個來源。

(1) 趣聞逸事

例子：大家知道嗎？中國第一個吃巧克力的人是誰？答案是康熙皇帝。……

(2) 引證事實

例子：儘管減少二氧化碳排放量已是全球趨勢，但根據交通部最新統計，過去十年間台灣地區機車數量，持續以百分之四點六的幅度成長，平均每人擁有機車數和每公里道路機車數均高居亞洲第一位。……

(3) 引用名句：

例子：德國哲學家尼采說過，「知道為何，就可以忍受任何」，……

(4) 驚人敘述

例子：大家都認為這個凶手罪大惡極，但其實他才是這案子最大的受害者，因為……

(5) 激將問法

例子：情緒時常成為溝通的障礙。但不知道各位有沒有想過，如果人沒有了情緒，生活會變成什麼樣子？……

當然還有很多其他的手法。總之條條大路通羅馬，只要有辦法達到吸引聽眾的目的，又能拉回主題就行。

❷ 簡介

開場的第二個要素是「簡介」，簡介有三個目的：

> 第一，設定聽眾對簡報的合理期待
> 第二，為觀眾畫出簡報內容的方向藍圖
> 第三，加深聽眾的印象

第一，設定聽眾對簡報的合理期待

為什麼要設定對於簡報的合理期待呢？因為一般來講，人對於一件事情的滿意與否，跟他實際所得的關係比較小，反而是他的期望、跟他實際所得的「落差」關係比較大。

舉個例子來講，一個男生追一個女生，結婚之前說「我有五棟房子都在信義計畫區」，女生就嫁了，結果結婚之後發現：「這男生騙我，他竟然只有三棟！」女生心理會不會覺得不舒服？會！其實有三棟房子在信義計畫區已經很好了，對不對？但她還是會不爽，覺得這男的騙她。

相反的，有個男孩跟女孩說「妳嫁我，我除了一顆愛妳的心，和一身才華之外，其他什麼都沒有」，結果結婚之後，他竟然意外繼承一個遠房姑媽留給他的一棟房子。這叫什麼？喜出望外！比起那個老公在信義區只有三棟房子的女生，這個女孩高興得不得了，覺得男孩真是福星高照。

滿意度的關鍵，是期望與實際所得落差。

但這裡要留意兩個問題。

第一個問題：

萬一聽完簡介之後，聽眾發現這不是他想聽的，那怎麼辦？他可以選擇離開。離開是好事，彼此不要耽誤青春，免得他覺得浪費時間，而且他覺得他根本不是你應該去表達的對象。

如果他沒有離開而留下來，他可以選擇降低期望。就算他本來是想聽一個名醫演講的，後來發現：搞什麼？來一個吃素的！他如果不離開的話，他的期望就會降低：「欵，雖然來了一個吃素的，不過看來好像還滿誠懇的，我就聽聽看吧！」結果聽完之後，他可能還會覺得：「講得還真的不錯！」這時候他的滿意度就會變高。

第二個問題：

既然降低期望有助提高滿意度，那簡介時可不可以先把聽眾的期望壓得非常低呢？也不行。總不能說：「各位聽眾，今天我完全沒準備就來了，我隨便講講，你們就隨便聽聽，有收穫算你們撿到，沒收穫是應該的。」如果這樣，應該人就全部走光了，留你一個人拿著麥克風唱空城計吧！

所以我強調，是給聽眾一個「合理期待」，而不能取巧地試圖置之死地而後生。至於如何設定期待範圍，我可以透露我上課時自我介紹的小秘密讓你知道，我通常是這樣說的：

上課之前，我要先定位我自己的角色。今天與其說我是個講師，不如說我是個引導者。我最大的任務，是提供大家一個討論的平台，讓大家的智慧能在這個平台上相互碰撞、發出火光。至於我講的內容，全部都可能有錯，所以如果大家對於任何覺得卡卡、怪怪的地方，請你一定要提出來，我們一起來討論。

我以前在企業看過很多簡報，也做過很多簡報，離開企業從事專職的培訓顧問至今，我看過並給予回饋的簡報人次超過千人，所以我相信我可以給各位一些誠懇的、第三者的建議，雖然它未必百分百是對的。

在這裡，我框住聽眾對於簡報的期望。往上，我讓他們知道：我是一個非常有經驗的簡報課程講師（指導過上千人簡報），所以他們會有一定的信心。往下，我說：我也可能有錯，所以你可以質疑我。高低框架設好，中間這塊區域就非常安全，一方面他們知道我的專業，二方面他們萬一發現什麼錯誤，我也有從容的退路。這就是安全空間。

喔，這個例子裡，「我看過並給予回饋的簡報人次超過千人」這句話的數字，可不是虛擬的，是真的。

第二，為觀眾畫出簡報內容的方向藍圖

簡介除了「設定合理期待」之外，第二個用途，是要讓聽眾的腦袋裡面，先有個「方向藍圖」，也就是有個全貌，有個方向感。

如果今天，我不先說明要講「一般人對吃素有哪三個疑慮」，直接講完第一點再接第二點，一般人聽講就會按時間序列去記憶，按這時間先後順序去堆疊這個資料，這就是很多學生會抱怨老師講課「聽到後面就忘了前面」的主因。不管要寫入資料、或重新讀取效率都很差。

可是如果我今天跟大家講說，「我要談吃素的三個疑慮分別是：營養夠不夠、好不好吃、麻不麻煩，我們先談營養夠不夠……」這時，聽眾在第一時間，他的大小耳朵全部天線打開，一面接收營養夠不夠的訊息，一面等待好不好吃的訊息。等於讓聽眾腦袋裡面有個定位，這樣會大幅提升他們吸收的效率。

為什麼整理東西時要分門別類？為什文具要放在書桌的第二個抽屜，調味料要放在微波爐上方的櫃子？因為這樣好收，而更重要的是，這樣以後好找。人類的記憶非常靠不住，簡報的人應該，也必須讓聽眾在最省力的狀態下，回想你說過的內容。將你所說的內容做分類，是幫

助聽眾記憶的有效方法。

你就是導遊。要帶領聽眾遊覽某個知識領域，如果導遊不先告訴遊客今天的景點有哪些，遊客會覺得心很慌，腦袋沒辦法預做好準備該吸收什麼東西，就算每一句很都認真聽、每一朵花都很認真看，一來太費神，二來還是走馬看花。

第三，加深聽眾的印象

我們談過，為了要達到簡報的目的，必須讓聽眾「記住」、「了解」、「相信」我們的簡報要點 (Power Point)。而為了達到這個效果，要點需要被「說明」，需要被「包裝」，最後還需要被「重複」。其中重複是最容易做到，卻也最常被忘記的。

重複是加深印象最簡單有效的手法。

還記得第二章中提到的，「事不過三」的原則嗎？一件事被提醒三次之後，忘記的機會就大大降低。簡報中，我們至少有三次機會來對聽眾諄諄善誘。簡介就是第一次機會。

以剛剛吃素的例子來說，我在簡報一開始，就預告大家，你所以不吃素，我想不外乎三個原因：怕營養不夠，怕不好吃，怕麻煩。我雖然還沒下結論，但是聽眾聽語氣也會知道我認為這三個顧慮都不是問題。這是第一次的提醒。

第二次加深印象的機會，在「主體」。這時候火力全開。理論、證據還有資料，理性、感性加上誠信、全部都押上。希望聽眾理解，我之所以有這樣的主張，不是信口開河，自說自話，而是有憑有據。這部分的兵力要如何部署，我們在下一章再細談。

最後，在結語的時候，還可以臨去秋波再重重補強一下。至於怎麼做，這就是下一節，「結語」要談的。

離開這一節之前，也許你還想到一個問題，一個要命的問題。

有些聽眾是不能讓他離開的，一離開就是大災難。比方說客戶，比方說老闆，比方某些手握關鍵貨源的供應商。在第三章提到的「法人型人聽眾」，通常都是無論如何要他們留下來。所以，這個要命的問題是，如果開場白及簡介說完，有人說你想講的他不想聽，但你又不能讓他走，怎麼辦？

首先，我必須說，這是簡報者最黑暗的惡夢。智者說，逃離惡夢最好的方法就是醒來。所以，解決夢魘最好的方法，就是根本不要讓它發生。

為什麼會發生這樣的狀況？原因只有一個，步驟二的「分析聽眾」沒做好。所以我的建議也很簡單，馬步一定要扎實，一切回到基本面。

但如果萬一真的發生，要如何才能斷尾求生，絕地大反擊呢？以下二個保命招，可以將傷害降到最低。

招數一：誠懇的道歉，不要編理由、找藉口

誠心誠意的承認自己犯了準備不足的錯，不要牽拖東、牽拖西。在前言，我們引用過英文的一句話，我們現在再複習一次。「我不在乎你知道多少，除非我先知道你在乎多少」(I don't care how much you know till I know how much you care.)。要人原諒錯誤，比要人原諒惡意容易。

招數二：回到「步驟一」，思考簡報的目的

簡報的目的是一切行動的最高指導原則。所以一旦發現聽的狀況不

符合原先的預期，這時有兩件事要考慮：

1. 要不要改變簡報的目的
2. 要不要改變簡報的要點 (Power Point)

先說要不要改變簡報的目的。比方說，你原本以為副總已經同意你所提的這一季行銷方案的策略方向，簡報的目的是要請他核准細部的執行計劃。可是現在你卻發現，副總連大方向都很有意見，談執行計劃根本是八字還沒一撇。這時你要考慮，是不是先讓副總同意方案的基本方向。用簡報目的的公式來套（目的 = 主詞 + 動詞，還記得嗎？）就是，原本的目的是：

簡報的目的 = 讓副總（主詞）+ 同意細部的執行計劃（動詞）

現在要調整成：

簡報的目的 = 讓副總（主詞）+ 同意行銷方案的策略方向（動詞）

其次，要從腦袋中很快的找出可以支撐你目的的論點（你的 Power Point）。這時候，就只賭臨場反應了。

要再次強調的重點是，「君子不立於危牆之下」，將簡報的成敗交給隨機應變的運氣，太凶險。不要忘了，簡報的輸贏很大。最能持盈保泰的做法還是預先做好充分的準備。

二、 結語：結論與結尾語

了解「開場」的技巧之後，容我跳過「主體」，先說明「結語」，因為開場和結語是彼此相互呼應的關係。

小時候寫作文有一招叫「頭尾呼應法」，簡報也是一樣。結語可以

分成結論和結尾語兩部分，其中，結論可以呼應簡介，結尾語呼應到開場白。讓我們沿用「吃素」例子：

好，經過剛剛半小時的分享，我相信各位應該都能夠了解，吃素其實營養一定夠，可以很好吃，同時一點都不麻煩。

這就是結論，往前呼應簡介丟出來的那三個疑慮，這是一種「事情的呼應」。

最後，我相信，如果各位願意跟我一樣吃素的話，成為那個統計數字之一的機率，一定可以大幅降低。

結尾語跟開場白的呼應，則是一種「心情的呼應」。

在開場白的時候，我塑造了一種心情、一種情緒，是關於現代人體質與健康的隱憂，在簡介裡則告訴人家吃素能改善體質，而且並不會有大家擔心的疑慮。一場簡報分析過後，最後為吃素做一個結論，同時用結尾語去安撫我創造出來的隱憂氣氛，讓大家覺得這是個完整的過程。其實也是暗示聽眾：我的簡報、我提供的方式，可以解決這個隱憂。

結論呼應簡介，是「事情的呼應」。

結尾語呼應開場白，是「心情的呼應」。

前面提過重複對加深印象的重要性，又提到事不過三。所以結語裡的「結論」就是你對聽眾最後的一次提醒。聽眾即使剛剛在你簡報時偶有神遊太虛的片刻，至少最後他還有機會記住你的要點 (Power Point)。至於結尾語，則是要創造一種餘韻繚繞的氣氛，一種向心靈呼喊的心情。感性為主。

三、開場和結語，小兵立大功

聽眾對於一個簡報的印象好壞，以開場跟結語影響最大。因為通常人類對一件事的開始及結語，印象最深刻。為什麼這樣？心理學家一定有他們精闢的解釋。但不需要勞駕他們，只要想想我們親身經驗的例子，就可以體會這個道理。

就像談戀愛，你印象最深刻的是什麼？是第一次見面、天雷勾動地火的心動，是最後分手時，漸行漸遠的背影。中間當然也有甜甜蜜蜜、吵吵鬧鬧的時候，但是最初和最後記憶，最深刻，最難忘懷。

又像看電影，一開場就引人入勝幾乎是賣座的必要條件。如果最後還能有個感動人心的結局，即使中間的鋪陳稍有鬆散，觀眾也不會太深究。

雖然以一場五十分鐘的簡報來說，開場加結語可能只佔十分鐘，主體常佔四十分鐘，但是對於左右聽眾對這場簡報印象分數的比重，遠遠高於百分之二十的比重。用投資的角度來講，就是開場跟結語的「投資報酬率」最高。

所以如果你真的沒有力氣「一心一德，貫徹始終」，將每一張投影片都表現得淋漓盡致，那你可以考慮至少好好設計你的開場與結語。很划算的！

開場跟結語的「投資報酬率」最高。

中國人寫文章以前有一句話：「麟角、鳳尾、牛肚包」。麟角，意思就是說破題要華麗，讓人一眼驚豔；鳳尾，文末最好來場燦爛煙花，細緻雍容，才能讓人再三回味。聽簡報也是一樣，頭尾的印象分數比重最大。

至於牛肚包，因為牛有四個胃，表示「料要豐富」。這也是簡報的重心所在：主體要豐富。下一章，我們就來談簡報的主體結構。

MEMO 記下想到的點子

步驟三 架構內容

步驟三 主體結構

步驟四 視聽效果

步驟五 事先演練

重點整理

★ 簡報是商務溝通。商務溝通的目的是追求溝通的效率。

★ 不要當病理學家型的員工！只追求問題，卻不告訴答案。

★ 商務訊息的開頭，就是以一個對方關心的問題開始。然後以行動
　結尾，中間一定要給完整的答案。答案先說結果，再說如果。

★ 重複加深印象是最簡單有效的手法。簡報的簡介有三個目的
　第一，設定聽眾對簡報的合理期待
　第二，為觀眾畫出簡報內容的方向藍圖
　第三，加深聽眾的印象

★ 結尾語跟開場白的呼應，是一種「心情的呼應」。

★ 聽眾對於一個簡報的印象好壞，以開場和結尾影響最大。

重點整理

簡報要達成目的，重複是最簡單的方式。
一件事被提醒三次之後，忘記的機會就大大的降低。

MEMO 記下想到的點子

CHAPTER 5

步驟三 主體結構

是非題、選擇題、問答題，題題大路通目的，
Found,Feel,Felt 三個 F 保平安

check 簡報主體鋪陳

媽媽常說，「好的開始是成功的一半」。這句話沒錯，不過，呃！很可惜，只是一半！就像菜餚的擺盤的確重要，但口味好不好，吃不吃得飽，還是客人最在乎的。雖然開場和結語的印象很重要，但是簡報的主體也要貨真價實才行。所以接下來要談的就是如何規劃鋪陳簡報的主體。

為幫助記憶，容易上手，我們用大家從小到大，身經百戰的豐富考試經驗，將簡報的主體分為三種題型，分別是：

❶ 是非題
❷ 選擇題
❸ 問答題

其中的問答題，又可按目的不同，分為「解決問題型」與「銷售型」兩種。

就像我在上一章說過的，這裡分的類型是招數的「套路」，目的是讓大家在拿到一個簡報題目時有下手的切入點。他既不可能窮盡所有的簡報情況，你也大可以自由發揮，不照公式硬套。但這些套路是思考的參考起點，比從零開始方便，有比沒有好。

先舉例說明這三種題型的分別。

是非題：志玲，妳不要再喝這種飲料好了，喝這個飲料對妳身體不好！

→針對一件事，評論好或不好，告知做或不做。

選擇題：志玲，妳不要喝這種飲料，應該喝那種飲料。因為喝飲料除了解渴之外，還要有養生效果。飲料要具備養生效果，應該要……（中略）……，基於這些條件，我建議，那個飲料比這個飲料好。

→透過比較，評比優缺，給予二中選一或多中選一的建議。

<u>問答題</u>：志玲，妳最近有沒有覺得，如果熬夜身體就會不舒服、精神不濟？才晚一點睡，身體就會沒精神的話，這是個嚴重警訊，表示妳身體缺氧，所以妳要應該喝……，對妳才有幫助。

→指出一個問題是真實存在的，再提出一個解決方案。

(1) 如果這個方案的重點是某種做法，就屬於「解決問題型」
(2) 如果這個方案是購買某樣東西，就屬於「銷售型」

其實準備的簡報內容可能是一樣的，只是你可以針對不同的目的、不同的聽眾，選擇不同的題型、運用不同的技巧。（相信你不會問我：如何分析簡報的目的、聽眾，如果你真的有點忘記，給你十分鐘的溫書時刻，請快翻到前三章複習一下。）

現在我們來談這三個不同題型的「簡報主體」。

一、是非題型簡報

是非題型的簡報，結構可以用以下的圖形來表示。

是非題，一開始就要有強力的開場。

什麼叫強力的開場？

直接告訴你的聽眾，你要他們「做什麼」，或是「不做什麼」。

我們看過很多的簡報、演講，前面講了一大堆，講完之後聽眾卻還是聽不出來：欸，那我現在到底要做什麼？不要讓聽眾有這種懷疑跟模糊的空間，直接講。比方說：

不要再喝瓶裝水了，喝瓶裝水，在傷害我們子孫萬代。

這就很好，強力的開場。雖有邏輯還不完整，但是簡短有力，讓人往下聽。

有了這個強力開場，我們要讓聽眾知道：為什麼我要你們這樣做。這時可以引證一個事實，這事實是真實的情況、資料、或數字。例如：

科學家告訴我們，從一九九○年開始，地球每年的溫度，每年以0.02℃的速度在上升當中。（說明一下，這裡的數字也是虛擬的。）

用一個事實，一個可以說服別人的事實，替你的說法打地基，證明你的論點是有所本，不是天下掉下來的。

但是事實本身不會讓人家覺得有改變的動機，是事實產生的「痛」，才會讓人產生改變的動機。

事實本身不會讓人有改變的動機，是事實產生的「痛」，才會讓人產生改變。

所以，就是要踩著痛處打！我們要讓人家知道說，這事實引發了什

麼問題，這問題有多嚴重。

　　如果這個趨勢維持不變的話，有些科學家預測，到 2020 年，可能南北極的冰山，就會完全融化；如果南北極的冰山完全融化的話，台灣西部的大部分城市，將會沒入海平面以下。這是一個我們無法忽視、無法不管的嚴重問題⋯⋯

　　踩著這個「痛處」，讓聽眾知道為什麼要正視這個問題之後，就可以引導主題走向「瓶裝水的塑膠寶特瓶是造成溫室效應的環保殺手」的方向，再反扣到主題要他們做的事情：不要再喝瓶裝水了。

　　點出不容抹滅的某個現況，聽眾也明白現況不改變將有什麼後果，當然是替我們最後要提出的方案或行動鋪路，並說服聽眾同意並採取我們的意見，但是，在亮出最後的王牌之前，還有一件事要做。

　　一般人類在說服別人的時候，常不自覺有一種慣性，就是為了要證明我是對的，會一廂情願地只說自己的好，一味的說對自己有利的地方。但是有時候，越是這樣子，反而越會引起人家心中的疑慮。

　　說服別人時，有一個重點就是：不要讓對方說 NO。因為一旦讓別人說了 NO，就很難讓他收回他的 NO。

　　這種心理現象叫做「一致性」。過去我們常會認為：我是誰我才會做什麼事，比方說：我是好人，所以我做好事；我是壞人，我就做壞事。但現在有越來越多的科學家發現：人類其實不是「因為我是誰，所以我做什麼事」，而是因為「我做了什麼事，所以我是什麼樣的人」。

　　實證上的例子是，今天有一個慈善機關出去募款，對方有可能直接說：我不願意或是我沒錢。但是，如果慈善機關說：沒有錢沒關係，你

家門口願不願意借我貼一下愛心傳單？反正沒什麼損失嘛！你認為這樣做，結果會有什麼不同嗎？

美國做了這個實驗，發現如果直接跟人家要錢，募款成功比例偏低。但是那些先同意貼愛心傳單的人家，過陣子再去做募款，成功機率大幅提高。

這是個重要的心理機制：當我同意讓你貼廣告的時候，我就認為我是好人，既然我是好人，我就不應該拒絕你的募款。

也就是說：**人是按照自己的行為，來去認定自己是誰，而且會努力維持一致性。**

在簡報時，如果一味講對自己有利的事情，有人聽了不接受或者不開心，他說 NO，他說：不是這樣子。他在公眾場合講出這句話之後，要他吞回這句話，可能要花十倍以上的力氣，因為一旦他說 NO，他就想維持一致。

但如果我們能設想別人可能反對的原因，先打預防針，除掉他可能說 NO 的原因，提高他說出 YES 的機率，就很容易獲得支持。讓我舉一個例子：

志玲，我有一個非常好的投資工具，保證沒有任何的風險，而且保證年投資報酬率 15%，妳要不要投資？

有投資理財概念的人，一定會質疑：保證沒有任何風險，這怎麼有可能？一般情況下大家都會認為：哪裡有這麼好康的事情嘛！大家心中都會覺得有點怕怕的，因為有違常理。

但如果換成以下說法，你覺得呢？

志玲，我告訴妳一個非常好的投資工具，但是我先問妳一個問題：妳覺得一年之內，台幣兌美金漲到 1 比 25 的機會大不大？不大嘛，對不對。我今天談的這個投資工具，只要在一年之內，台幣兌美金不要漲到 1 比 25，就不會有虧損，萬一漲到 1 比 25 當然會有虧損，但是只要不到 1 比 25 的話，就會有 15% 報酬率。志玲，妳願不願意聽聽看？

先打預防針，就是：正反立場都要講！

當我告訴你完全沒風險的時候，你反而心中會有疑慮，但是我告訴你「的確有風險，但是風險發生的前提是什麼」，這時候人家反而會接受。

面對是非題型簡報時，不能一味說對自己有利的，要正反立場都講，把人家心中的疑慮先拿掉。打完預防針，最後再行動！

所以延續勸大家不要喝瓶裝水的例子，我們可以用以下的方式來陳述正反面立場：

有人會說，我也不是故意要買瓶裝水來破壞環境，是真的口渴沒水喝才買的啊！你們的心情我能體會。其實最好的方法就是像我一樣隨身帶著環保杯。在台灣，只要你有杯子，不怕沒水喝。銀行、郵局、中華電信都有飲水機。所有的便利商店都供應熱水，雖然要花點時間等水冷一點才能喝。全部的速食店只要你開口，也都要得到開水。所以重點是，「要有杯子」，水源不是問題。

最後，丟出你的主張，給與明確的行動訴求。

好，所以從今天開始，不要再喝瓶裝水了！讓我們每天帶著自己的杯子，一起攜手救地球！

這就是一個完整的是非題的論述架構。先用一個強力的開場吸引注意，舉出一個無法爭辯的事實現況，踩著這個現況的痛處打，強調如果不改變後果堪憂，然後在亮出自己的方案之前，先打預防針，再秀出王牌，提出明確的主張及行動訴求。

二、選擇題型簡報

選擇題型的簡報，結構可以用以下的圖形來表示。

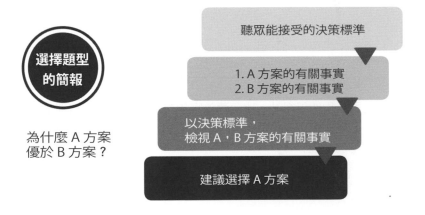

談選擇題之前，我想先問女性讀者：

如果今天一個帥氣男明星跟台灣首富同時跟妳求婚，妳嫁誰？

也想問男性讀者：

如果要相親，第一名模跟台灣女首富你會選擇誰？

很想做個民意調查，但是如果還要等你們寫回函後再統計，這本書

可能要延後 20 年才能出版，所以還是算了（不過我真的很好奇大家的答案）。選誰不是我們要談的重點，重點是人類如何做選擇。

不管是選帥氣男明星，還是選全台首富，或是選第一名模，還是台灣女首富，當我們在回答這個問題的時候，出現在腦海裡的不只是兩個名字而已，而是一連串的思考。我們的經驗裡，思考好像在電光石火中就完成了。但仔細分析起來，這思考至少有三個步驟。

步驟一：調出選項的相關資訊。也就是認知的事實
步驟二：調出選擇的標準。也就是決策的標準
步驟三：將選項的相關資訊套入選擇標準，做出選擇

首先，我們腦袋中出現了很多關於這些人的一些資訊。

比方說：男明星很帥、比台灣首富年輕，雖然沒有首富那麼有錢，但是呢，也滿有錢的。至於首富，他是全台灣最有錢的人，但是年紀比較大，外形嘛，也滿有型的，高大威猛，很 man。當然，也許大多數的女人還是認為男明星比較帥。

好，兩個選項的相關資訊出現了，但這兩個選項在我們腦海裡拉鋸，到底誰會勝出呢？這時候就到了第二個步驟，就是我們擇偶的條件和標準。

腦袋裡面會有決策標準。每一個人決策標準不一樣，有的人可能完全不考慮外形，有些人不考慮財力。有些人認為兩個人有感覺最重要，其他無所謂。每一個人的擇偶標準都不一樣。

如果你要進一步問，決策標準是怎麼形成的？我只能說，每個人都有獨一無二的生命經驗，這些經驗對我們的決策標準造成深遠的影響。成長的環境、父母教養的方式、交過的朋友，讀過的書，等等種種說不

完的過往，都在我們的腦袋中留下印痕。

但這生命中的體驗又造成什麼影響，卻因人而異。所以你會發現同樣在貧困的環境長大，有的人長大後變得很勢利，因為他受夠了沒有錢的痛苦，認定只有錢才是真實的，其他都靠不住。但也有人因為這樣而發願，盡力幫助其他窮苦的人。經驗如何對人造成影響，直到現在都還是個費解的謎題，許多很厲害的科學家還孜孜不倦的努力想找出答案。

然後第二個要考慮的是，一樣的擇偶標準，每一個人給它的權重會不一樣。可能有兩個人都說重視外形，但是重視的程度不一樣。有的人是看得過去就好，有的人是「外貌協會」，堅信美貌雖然不能持久，但醜陋卻是永遠。同樣嘴裡都說理想的結婚對象只要有基本的經濟能力就行。一個心中其實想的是年收入沒超過百萬的，根本不用考慮。另一個卻是覺得只要有愛，口袋中的錢即使只夠合吃一碗陽春麵，也叫有基本經濟能力。用白話文說，就是都重視某個條件，但看重的程度卻大有不同。

總而言之，就是每個人的決策標準都差很多啦！

當我們在作一個「選擇題型」簡報時，如果有兩個方案 A 跟 B，我比較贊成 A，我希望我的聽眾接受 A，但是也不希望讓人覺得我一味地偏袒 A、故意打壓 B。這時該怎麼辦？

這個時候我們要思考：什麼樣叫做一個好的方案？應該具備哪些標準？而且最重要的是，這個標準必須是聽眾能接受的。如果聽眾接受「好的方案應該具有……等標準」，我就可以接下去分析 A 跟 B 這兩個方案，各自有哪些客觀（符合多數人認知的相對客觀）的事實。

A 方案有一組我們認知的事實，B 方案有一組我們認知的事實，丟

到一個聽眾也接受的決策標準的時候，他就會跑出一個選擇的方案，這是選擇型簡報的基本架構。

在這個架構裡，有兩個關鍵：

第一個，我可以影響他的「**決策標準**」。
第二個，我可以改變他的「**認知事實**」。

假設有個爸爸，她女兒選擇要嫁給帥氣男明星。我們可以推論：外形在女兒的心中，佔滿高的比重。

但是偏偏這爸爸希望她能嫁給首富，他的第一個做法，就是改變女兒的決策標準。決策標準就是：一個理想丈夫的條件是什麼？

女兒啊，我知道妳覺得帥氣男明星很帥，我也同意他的確很帥。講句實在話，我認為妳也是美女。不過妳自己摸著良心想，如果今天妳跟帥氣男明星都走在街上，大家是看他的多還是看妳的多？當然是看他的多嘛！雖然妳也是美女，但是嫁這種老公壓力不會很大嗎？所以呢，我覺得外形當然是重要的，但沒有那麼重吧！看得順眼就好了。

或者，我也可以嘗試改變女兒認知的事實。這裡的重點是「認知」，而不是「事實」。

我知道妳覺得帥氣男明星很帥，在電視上看起來非常瀟灑、溫柔多情，可是聽說他很宅。所以妳嫁他，妳可能每天就跟他窩在家裡。（我知道女性讀者會想說，天天跟他窩在家裡也甘願，但是不管啦，這是題外話。）**所以嫁給他，可能沒有妳想的那麼有趣喔！**

這段對話過程中，我看起來像是客觀的對女兒陳述關於帥氣男明星

的事實。但其實究竟他宅不宅？或者到底怎樣才叫作「宅」？都不是重點。只要女兒認為他真的很宅，最終改變主意改嫁其他人就好。反正，目的就是讓聽眾順理成章接受你偏好的方案。

影響人類行為的不是事實，而是認知。你認為小明不喜歡你，你就會用對付不喜歡你的人的手段來對付他，和事實上他喜不喜歡你沒有關係。你認為每天喝七大杯水對身體有好處，你就會每天喝七大杯水。雖然每天多喝水的確對健康有幫助，但這不重要，重要的是你這麼相信。你的認知是這樣，你才會這樣做。

影響人類行為的不是事實，而是認知。

關於選擇的題型，再舉一個企業界的例子。假設你負責一個採購案，這採購案有兩個供應商，你比較喜歡 A，比較不喜歡 B。但要怎麼樣跟公司推薦 A，又不顯得好像你有拿人家好處？

你可以向公司分析：

要做我們這麼大公司的供應商，我覺得必須符合一個條件，就是資金要夠雄厚，否則我們這麼大的產能，他們不見得能配合我們營運。

這是客觀合理的決策標準，接下去分析，很順理成章就可以「發現」A 公司跟 B 公司比較起來，A 的財力比較雄厚，所以 A 勝出的機會就很大。所以第一個，你可以改變公司的決策標準。

第二個，如果要改變認知的事實，我可以說：

作為我們的供應商，很重要的條件之一是：客戶服務要做得好。我們來看看過去這兩家，在一般業界所呈現出來的客戶的服務形象是什麼……

你要找一些報導或是客觀數字，呈現兩家公司的客戶服務品質，而在呈現結果時，你可以做一些調整，使得事實呈現的結果是有利於 A 供應商的，這就是改變認知事實。

如果你要讓 A 出線，請不要一味地說，A 好、A 好、A 好，而是要先做功課，知道 A 比 B 強的地方有哪些，挑出 A 的優點，融入決策標準裡，先告訴公司好的供應商應該具備哪些「客觀」標準。

埋下決策標準的伏筆之後，再逐步分析 A、B 雙方的條件，你的分析將成了公司評比兩家公司的「認知事實」，公司經過判斷之後很容易就決定由 A 勝出。

三、問答題型簡報

記得問答題的題型嗎？有一個情況出現了，而且這個情況帶來一些問題，使得我們必須要採取一些行動，來解決這個問題，這就叫做問答題。

先來說文解字。問答題，包含兩個部分，「問」和「答」，也就是「問題」和「答案」。問題是事情什麼地方不對勁。答案是為了解決這個不對勁，應該採取的行動。

複習一下，簡報的目的是讓聽眾去做簡報者希望他們做的行動（目的 = 主詞 + 動詞）。所以，問題不能讓聽眾自己亂亂問，答案不能讓聽眾隨便找。

問答題型的簡報，要引導聽眾：

1. 從我們期待的角度去思考問題。
2. 用我們建議的方法解決問題。

引導聽眾思考問題時，我們可以用 SIQS（這是為幫助大家記憶特別設計出來的。發音和 SIX 一樣，至於是什麼意思，等一下再解釋）。

建議解決問題的方法時，就要兵分兩路了：

1. 提出來的是一套做法，叫「解決問題型」。通關密碼是 5W1H

2. 要別人買什麼東西，買了就解決問題，叫「銷售型」。密訣是 FAB

什麼是 5W1H？什麼是 FAB？請稍待片刻，馬上來說明。

總結來說，問答題型簡報的結構，可以用以下的圖來表示：

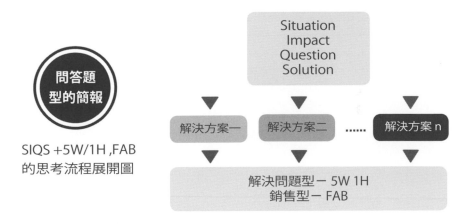

1. 「解決問題型」的問答題

SIQS + 5W1H 的意思，舉例說明如上圖。

Situation 情況：以一個不容否認的事實為簡報建立穩固的基礎
例句→公司第一季的業績比去年同期衰退 10%。

Impact 衝擊：說明這個事實與聽眾的關係
例句→這代表我們若不能在第二季追回落後的數字，今年的財測
將無法達到。

Question 問題：加入簡報者觀點，引導聽眾思考
例句→這樣的落後有沒有可能追平呢？還是該調整財測？我認為若
採取有效的對策，還是有機會追上落後的業績，而不用調整財測。

Solution 解決方案：提出解決問題的做法
例句→我建議的做法是……

    SIQS 的第一個 S 代表 Situation，中文就是情況。這是一個不容否認的現況、事實。這將是後面所有立論的基礎，所以一定要是「不容否認」的，如果這個基礎被抽掉的話，後面就整個掛了。

    比方說「公司第一季的業績比去年同期衰退 10%」，這是任何有基本會計制度的公司都有的數字，可被驗證，不會有爭議。

    可是換一個講法就可能出問題，你如果說「公司第一季的業績非常不理想」，這一句話剛講完，業務部門第一個跳起來跟你拚了。業務部門會說：「哪會呀？我們第一季雖然業績不好，但是你要看同業啊！同業更差啊！你說話要負責喔！」這樣這個簡報「出師未捷就身先死」了。你的目的永遠沒辦法達到了，因為鐵定吵起來。

所以，第一個 S 必定得是不容否認的事實，不能引起爭議。沙灘上不能蓋城堡，因為地基薄弱。有力的簡報也必須建立在堅固的磐石上。這個不會被挑戰，不會被打槍的 S，就是整個簡報立論的基石。

　　SIQS 的第二個 I，代表 Impact，英文原本的意思是衝擊。在這裡是指對聽眾的影響，還有利害關係。目的要讓聽眾知道這個事實跟他們有什麼關係，直接的說，叫做「在傷口上抹鹽」。我如果只告訴你說，第一季衰退 10%，你可能沒感覺，不會痛。但是我要鄭重告訴你的是：如果第二季追不回來的話，今年的財測就無法達到了。然後，就會……，接著，又會……。最後，大家就一起倒大楣了。正常的人類，到了這時候，應該都會痛醒過來的。會痛嗎？會痛的話，就專心好好聽我講下去。

　　到這裡，不知道大家有沒有發現一個秘密？ S 是百分之百客觀的事實，但 I 就開始摻水了。摻入的水是簡報者刻意設計，有點主觀，但不會離譜的推論。摻水的目的是逐步引導聽眾往簡報者要的方向移動。

　　有沒有可能一個公司第一季沒做到、第二季沒做到、第三季沒做到，第四季突然天下掉下大訂單，全年業績做到了？有，但是機會不大。所以這句話其實有客觀基礎，但是加上了一點主觀揣測。

　　這一點主觀揣測，就是抹在傷口上的那一把鹽。前面提的那個情況 S，就是傷口。總之，要讓聽眾覺得：「欸，這個問題真的很嚴重，不解決不行！」把一個不容否定的處境，牽拖成另一個嚴重的問題。

　　SIQS 的第三個 Q，代表 Question，英文原本的意思是問題。Q 就是一種自問自答，是思考的轉折。簡報者拋出一個問題，邀請聽眾一起來思考，再補上自己見解，告訴大家別擔心，我有辦法。這樣就順水推舟的將聽眾的思路帶到你要給大家的解決方案。

大家既然都知道「業績差、達到財測堪憂」的問題，那能不能解決呢？答案是可以的。怎麼解決呢？這時候就可以帶出 SIQS 的第四個 S。S 代表 Solution，也就是解決方案。Solution 常常要加「S」，也就是用複數形。因為要解決一個問題，經常一個解決方案不夠力，要多管齊下。

而每一個解決方案 (S)，都可以用 5W1H 來展開。

5W1H 代表 What、Why、Who、Where、When 以及 How。5W1H 的基本意義，整理如以下的圖：

What	設立目標
Why	分析原因
Who/Where	分配資源
When	何時執行
How	如何執行

陳述 Solution 的 5W1H

What 有兩層意義，第一個是這個解決方案的「目標」，第二個是這個解決方案的「衡量指標」。

什麼叫做目標？

先來一個錯誤示範：

為了挽回我們落後的業績，我建議要擴大廣告曝光。

你覺得這句話有沒有問題？我相信，類似這樣的講法，你一定不陌

生，因為幾乎天天都聽得到。但其實這個句子大有問題的，它根本就是一句空話。

擴大廣告曝光的「大」是一個形容詞，無法衡量。管理學上有一句話：量不到就管不到，無法衡量就無法被追蹤，通常也就不會被好好執行，所以這個目標本身就是大問題。

我不是瞧不起形容詞。形容詞是很偉大的，他帶來人生中許多美好經驗。甜美的愛情，溫暖的親情，言談中如果少了形容詞就沒味道。但是在講究效率的企業裡，形容詞就是廢話。

在企業裡面，形容詞就是廢話。

設立一個目標，它必須要明確。以下是正確的示範：

為了要讓我們的產品的銷售能夠有起色，我們建議我們的廣告，應該從原本的平面媒體擴充到電子媒體，而且是 XXX 頻道的 YYY 節目。以量來說，要上 10 檔。

擴大廣告曝光的方式很多。可能每個人都支持擴大，但對如何擴大卻各自有不同看法。不講清楚的話，結果就是大家反對的事都一樣，但贊成的事卻是天南地北完全不搭。

再來電子媒體那麼多，你不能只講電子媒體，要具體的說上 YYY 等超級明確的目標。然後再加上具體的廣告量，這樣別人就很清楚知道你到底要做什麼了。雖然這時還不到同意你的意見的時候，不過至少雙方能對焦，不會再花非花，霧非霧。

再來，當有目標的時候，這目標同時就也是個衡量指標。這個指標，

用來衡量你事情究竟有沒有完成。

　　設立這個目標，等於立了一個軍令狀。到時候廣告的量有沒有做到、廣告有沒有出現在 XXX 頻道的 YYY 節目都會被檢視。有出來就叫做到，沒出來就叫沒做到。這就是 What，既是目標也是績效衡量指標。

　　你說沒事幹嘛要立個軍令狀跟自己過不去？找個形容詞當目標混過去，不是輕鬆愉快嗎？這個問題的答案，就要看我們打算當哪一等級的員工了。

　　一個企業裡面的員工分三種等級：

　　三流員工報告問題：老闆、老闆，事情不好了！請問該怎麼辦？

　　二流員工分析問題：老闆、老闆，事情不好了！我發現問題的原因是什麼，現在該怎麼辦？

　　一流員工解決問題：老闆、老闆，事情不好了！我發現問題的原因是什麼，我建議有兩個方法可以解決，老闆你選哪一個？

三流員工報告問題
二流員工分析問題
一流員工解決問題

　　簡報如果只是把問題丟出來，老闆只會覺得你是問題員工。丟出一個問題，也要提出解決辦法，最後的 Solution 解決方案一定要周全，才能朝一流員工邁進。即使提出來的解決方案不是至善至美，但你至少已經替老闆搭了一座舞台，打了個地基。老闆在這個基礎之上，很容易再修修改改，塗塗抹抹，弄出一個像樣的成品。讓老闆自己一磚一瓦的平

地起樓，不但沒有職業道德，也犯了伺候老闆的大忌。

　　這本書是教人用精確的表達邁向成功的，不是教人如何混日子。所以在這裡，我們追求的是當第一流的員工。就像打仗一定要兵馬糧草一樣，要解決問題就需要資源，就要從別人口袋裡挖出寶貝。如果我們不能展現達到成果的決心，那別人怎麼捨得乖乖把好東西交給我們擺布？

check 別當三流的員工

　　這裡要岔個題。在企業裡，我經常收到一種我稱之為「FYI 型」的電子郵件。如果你常是這類郵件的作者的話，那要提醒自己是不是已經不知不覺淪落為三流的員工了。

　　我想多數在企業裡行走的人都知道 FYI 是「For Your Information」的縮寫，字面上的意思是「給你當資訊」。FYI 有時變形成為「FYR，For Your Reference」字義是「給你參考」。但不管是 FYI 還是 FYR，其實背後的意思都是「這東西對你可能有用，也可能沒用。你有什麼想法，打算怎麼弄我不知道。不過東西給你了，你自己看著辦吧！我不管啦！」也許大家對 FYI 已經習以為常，但嚴格來說，這是不負責的態度。將心比心吧！當你收到一封信，只寫 FYI，然後有個 20 頁的附件，你看是不看？心情會愉快嗎？

　　FYI 的信，不外乎來自兩種情況：

　　1. 提出一個問題給收件人，但沒有具體的建議

2. 丟出一項資料給收件人，但沒有明確的結論

不管是哪一種情況，都不是一流員工該做的事。

所以，當你下次像反射動作一樣要寫 FYI 就把信送出去時，請稍忍受一下。去掉 FYI，考慮改成以下的句型：

附件是關於……的分析報告。報告的重點有三點。分別是

1. ……
2. ……
3. ……

基於以上分析結果，我建議……

別當 FYI 的員工！

好了，我們該回到主題，往下走了。

第二個 Why，談原因。

為什麼上電子媒體可以挽救落後的業績？根據什麼樣的市場調查？哪一種客戶意見？基於什麼市場資訊下了這個結論？這部分是用來串連 Question 跟 Solution 之間的因果關係。

至於 Who 跟 Where，是資源分配的關鍵。

簡報，特別是企業內部的簡報，是一個「要資源」最好的機會。因為第一這是「公開場合」，第二「大家都認真聽你講」，如果趁此時能得到老闆應允給予資源的話，老闆以後反悔，翻臉不認帳的機率非常低。

畢竟，想要馬兒好，馬兒就不能不吃草，之前已經訂立了一個執行

目標，也立了軍令狀了。接著就要提出：我需要什麼樣的人（Who），老闆你要告訴我哪裡可以得到我要的錢（Where），或是哪裡可以找到必需的設備等。也就是，我在跟聽眾要資源。

最後的 When 跟 How，是說該在什麼「時間點」執行什麼「步驟或程序」。在最後提出一個可執行的方案，並且明列何時、如何執行。

要注意的是，聽眾心中都有個結，在解決方案的 5W1H 裡，也就都會有一個關鍵要害。有時要害在於 What，有時在 Why，有時 Who 和 Where，有時在 When 跟 How。

聽眾心中都有個結。5W1H 裡，通常會有一個要害。

簡報就是要針對要害用力打。

有時，我要做的事情比較複雜，到底是什麼，要解釋得很清楚，否則人家聽不懂，What 就是要害。

有時聽眾對為什麼要做這件事情不以為然，Why 就是要害。

如果 What 跟 Why 都沒問題，但為什麼要花這麼多人力、金錢？那 Who 和 Where 當然就是要害。

再來，要是一切都沒問題，但是聽眾不明白為什麼要現在做？再晚一年不更好嗎？或者為什麼要這樣做？那樣做不行嗎？這樣的話，When 和 How 就要好好說明了。

做這種申論型的簡報時，要思考聽眾心中的那個結在哪裡，才能一擊中的。至於要如何才能知道聽眾的心結在哪裡呢？這又回到簡報的步驟二，「分析聽眾」了。所以這五個步驟是循序漸進，環環相扣的。

2.「銷售型」的問答題

最後一種型態，是業務型的簡報。用白話文來說，就是想要將產品或服務，透過簡報賣給客戶，也就是簡報的聽眾。以現代商業的習慣，只要是做 B to B(Business to Business，企業對企業) 生意的，在銷售過程中，幾乎少不了來一段簡報。所以這種銷售型的問答題，是非常普遍的簡報情境。

在談銷售型問答題的簡報型態前，我們要先問，人活得好好的，沒事為什麼會想要買東西？最基本的原因就是要解決問題。客戶想買東西時，他心中的想法當然是千頭萬緒，但總結起來，只有兩種情況：

1. 他不想有痛苦
2. 他想要更快樂

所以銷售型的問答題，重點在於說明你要銷售的東西，你要銷售的東西，為什麼能消除痛苦帶來快樂。這種簡報還是可以用前面所說的開場和結語，沒有什麼特別技巧，但中間的主體則專注於「特性」、「優勢」跟「效益」。

特性：這咖啡杯有個把手
優勢：能夠讓你不燙到手
效益：這是你一直想避免的

很多杯子沒有把手，但這個杯子有把手，把手，就是這個杯子的特性。

可是我不會因為想要把手就買一個杯子，而是因為這個把手可以讓我不燙到手才買它。所以因為這個把手，創造出來「不會燙到手」的結

果，就是所謂的優勢，因為這個有把手的杯子，相較沒有把手的杯子，有不會燙手的優勢。

但其實，我會不會買這個杯子的理由，未必是因為他的優勢，而是這個杯子能不能夠為我帶來效益。

效益跟優勢的差別在哪？如果「優勢符合我的需求」，那就叫效益，如果優勢不符合我的需求，那就只是優勢而已。優勢不能讓我採取購買的行動，只有效益才能夠讓我買單。

如果「優勢符合我的需求」，那就叫效益，如果優勢不符合我的需求，那就只是優勢而已。

因為如果我覺得：冬天的時候握個溫暖的咖啡杯，那種感覺好幸福喔！那就根本不在乎它會不會燙到手，如果「不會燙到手」的優勢，對我來說並無法變成效益，那麼，我就不會購買。

產品的特性，就是規格，也就是產品型錄上寫的那些客觀而具體的數字，例如長寬高、耗電量、運算速度。因為有這些「特性」，相較於競爭對手，產品能帶來特別的好處就是產品的「優勢」。但最後的重點要看優勢符不符合客戶的需求，符合的話才是「效益」。有效益才會購買。

舉例來說，LV 包包的做工、材質、品管等都是它的產品特性，因為這些特性，創造出「耐用」的優勢，這是非常客觀的；但是 LV 包包能不能吸引女生購買，其實是主觀的，如果她的需求是「我要一個名牌包，來證明我是貴婦的身分」，但有了 LV 包包能不能讓她變貴婦，這是主觀感受的問題，她認為她可以得到這個效益，所以她購買。

因為真正讓人動心的是效益，所以簡報時，效益放前面，更能在一開始就引起注意。所以，規劃簡報時的順序要反過來：

確認客戶要達到的效益 → 判斷須具備哪些優勢 → 說明產品的特性

比方說：

張董，買這個產品的話，有利於讓你的生意從台灣做到北美市場。→效益
因為我們的產品，有哪些特性是北美市場的客戶特別喜歡的。→優勢
這些特色包括……都是美國人想要的。→特性

利益放前面更吸引人。

其實效益、優勢、特性這種敘述技巧，不只適用於簡報，也廣泛適用於業務、行銷、談判等用途。

銷售型問答題簡報成功的關鍵是：

1. 特性跟優勢，必須有邏輯上客觀的關聯。要證明因為有某個特性，所以能帶來優勢。

2. 優勢要能符合需求。因為真正了解客戶，所以知道這優勢是客戶要的，可以順水推舟的把優勢轉變成效益。

銷售型問答題簡報失敗的關鍵是：

1. 對自身的產品或服務不夠了解：所以特性不能支持優勢，沒有信服力。

2. 對客戶不夠了解：所以說了一大堆的優勢，卻不是客戶要的，不能變成效益。

看起來很困難的簡報，其實架構不外乎「開場（開場白、簡介）、主體、結語（結論、結尾語）」，只要依各別內容選一種題型來建構主體，簡報的架構就會很完整。

開場白呼應結尾語、簡介呼應結論，這是比較安全，而且讓人感到有始有終的方式。至於這之間的主題要塞進些什麼，相信在台灣填鴨式教育下長大的我們，應該很容易從上述說的四種題型裡，選一種來做發揮。

 回答問題的技巧

一、問題與反對意見

簡報結束後，聽眾有兩種反應，第一種是沒反應，第二種是有反應。(很像繞口令？聽了有很想打人嗎？)

先談第一種，沒有反應。也就是簡報結束之後，主講人下台之前，現場一片沉默。

這種情況通常又有兩種原因：

第一是，100分。說得太好了，好到讓大家目瞪口呆！

第二是，不及格。沒有人認真聽，打完瞌睡醒過來：啊？可以散會了嗎？

如果是第一種原因，那我給你放鞭炮。但相信我，真的，這種事百年難得一遇。如果沒有反應，大多數的情況是第二種原因。

還記得之前提過的嗎？「愛的對面不是恨，而是冷漠」。在企業裡，溝通最大的悲哀不是反對，而是沒回應。因為有反對，我們就可以針對反對的點再深入討論，最後不管決定做或不做，總有個往下走的路。但如果沒回應，就只能晾在那裡，內耗內傷了。所以觀眾有反應是好事，不但不要迴避，有時還要刻意製造。如何製造，我們晚一點再來談。

　　反應也可以分兩種：問題和反對意見。

　　什麼是「問題」？什麼是「反對意見」？我們直接來看例子：

　　主管：「志明，你剛剛提到的第三點，那個數字是 3 還是 6 ？」
　　志明：「是 3 ！」
　　主管：「好的，我了解了，謝謝！」
　　以上這是一個「問題」。
　　主管：「志明，你剛剛提到的第三點，那個數字是 3 還是 6 ？」
　　志明：「是 3 ！」
　　主管：「怎麼可能是 3 ？你們算這些數字的時候，腦袋到底在想什麼？這數字明顯一看就高得離譜嘛！」

　　以上是一個「反對意見」。

　　問題是：

　　對方只是不了解、不明白、或沒聽清楚。你只要給他一個答案就可以了，不需要什麼特殊的處理技巧，回答就好。

　　反對意見是：

　　1. 對方有和你不同的預設立場。

2. 對方心理不太舒服，有情緒。

反對意見，會攻擊到你的論點，如果處理不好，不但不能安撫提問者，還可能拖垮其他在場聽眾原本給你的分數。

反對意見雖然凶險，但危機就是轉機。聽眾願意一次抖出他心中的意見與情緒，從另一個觀點來說就是對方罩門全開。處理反對意見的過程，我們等於有了進一步說明立場和論點的機會。如果做的好，就可以絕地大反攻。

只要方法對，「有問題」會變沒問題，還能進一步變「加分題」

二、回答問題的步驟

就像所有的技巧一樣，為方便學習，都有分解動作。接下來，我們就要開始拆解「回答問題」的標準步驟了：

確認問題 → 謝謝提問 → 回答問題 → 確認回答被接受

這四個步驟，都有基本片語，初學者可以稍微背一下：

步驟一：確認問題——您的意見是…(中間複述問題)…嗎？
步驟二：謝謝提問——謝謝您的提問……
步驟三：回答問題——套用「3F 公式」處理，先處理聽眾的心情，再處理事情。
步驟四：確認回答被接受——不知道這樣有沒有回答您的問題？

上面四步驟中，步驟三的難度特別高，我們會深入說明。

·步驟一：確認問題

確認問題有內、外兩層意義。對外，除了你跟提問者，別忘了在場

還有很多其他的聽眾，但是不見得每個人都聽得到或是聽得懂提問者的問題，所以我們要稍微消化一下問題，然後複誦一遍。

對內，則是為自己爭取思考和緩衝的時間。

確認問題還有個最重要也最巧妙的功能，就是「轉移問題到有利的方向」。

例如聽眾說：

你們產品定價 800 元太昂貴了，這成本根本不到 200 元，我認為了不起賣 400 元才會比較合理……

透過複誦問題的方式，我們可以把比較尖銳的問題修飾成：

請問您的意思是，您認為我們產品的價格高過價值，對嗎？

問題的方向從單純的「太貴」，變成「值不值得」。討論的空間變大了，問題的殺傷力變小了。

用複述來確認問題，同時可以將問題轉移到有利的方向。

‧步驟二：謝謝提問

這步驟分為入門款及進階款。

入門款：直接說「謝謝您的問題」。媽媽從小告訴我們做人要有禮貌。媽媽是對的，多說謝謝總沒錯。

進階款：心機比較重。一方面提高對方所問問題的價值，拍對方馬屁，二方面，又藉機鞏固自己的論點。

以上面那個問題為例：

入門款：**謝謝您提出這個非常寶貴的問題。**

進階款：**謝謝您的問題。的確，很多像您一樣有豐富經驗的客戶，剛接觸到我們的產品時，都會懷疑效果真的值得這樣的價格嗎？謝謝您讓我有機會對這個一般客戶都很關心的問題，再做說明。**

・步驟三：回答問題

這是最關鍵的部分。技術含量高，所以篇幅也會長一些，請耐著性子看。如前面所說的分類，回答問題分兩種狀況。

狀況一：聽眾問的是一個「問題」

如果聽眾拋出來的是個問題，相對而言簡單。會遇到的又只有兩種情況，一種是你有答案，一種是你沒有答案。

有答案的話，直接說答案。恭禧你，得分！

沒有答案的話，這比較麻煩。坦白說，我最建議的是簡報前做好充足準備，不要讓這種事發生。這要求不算過份，因為簡報有特定主題，聽眾會有什麼問題，事前多將心比心一下，可以模擬個七八分。你說聽眾有沒有完全跳 tone 的？有跳 tone 的，但跳到很完全的極少。真的碰到完全離題的問題，公理自在人心，群眾會站在你這邊。

但還是發生了。真的有人問了一個問題但你又答不出來的問題怎麼辦？我通常的建議是誠實承認，誠懇道歉。並當場承諾事後處理的方式。還有，最重要，事後一定要處理。沒有人是全知全能的。人們比較容易原諒沒有知識，但不會原諒沒有誠意。當然，只是比較啦！如果沒有知

識到太沒行情，也是罪無可赦！

狀況二：聽眾提出一個「反對意見」

這時候，對方既不爽又早有定見。他不是來聽你的回答，他是來發表他的不滿。這時候直接給他答案他不會要，要繞個圈。數學上兩點之間最短的距離是直線。但溝通上，兩人之間最短的距離通常是曲線。

不過事情也沒有太複雜。人和人之間的共通性遠大於相異性。將心比心一下，想想別人怎麼做，我們才比較容易接受他的意見。如果想得有些辛苦，頭開始暈，沒關係，我已經幫你想好了。只要熟悉以下觀念及技巧，應該可保出入平安。

處理反對意見，最重要的是把握兩個原則，兩個人性，一個公式。接下來我們就仔細說明這兩個原則，兩個人性，一個公式。先談兩個原則。

> **原則一：先處理心情，再處理事情。**
> **原則二：先依附，再移轉**

➚ **原則一：先處理心情，再處理事情。**

中醫說「虛不受補」。人有心情的時候，沒辦法和他談事情。搞定心情，才可能搞定事情。比方說以下的場景。

客戶：我已經打過十幾次電話了，你們都沒有人理我。你們如果不給我退貨還錢，我一定找立法委員，找記者。

客服：林先生，請您不要生氣。根據我們的紀錄，您總共打來三次電話。第一次是 4 月 8 日，上午 10:35。當時我們就已經⋯⋯。

客戶：!@#$%^&*()(*&「&^」^%%$@!⋯⋯（以下刪去兒童不宜的251 個字）

我只能說，這位客服朋友，你基本上是在找死！這位客服朋友的出發點是好的，可惜力氣用錯了。在那怨念飽滿的當下，聽完客服的回應後，客戶心中的 OS 是：

「你叫我不生氣，我就不生氣，那我不就是你兒子？」

「你還說我只打了三次電話，怎麼？你是說我說謊是嗎？」

「心事」、「心事」，先「心」再「事」。順序很重要。

↗ 原則二：先依附，再移轉

蠻力讓人逃避，強迫使人抗拒。語言暴力可以摧毀人，但無法改變人。要移轉一個人的行進方向，最好的方法是先靠近他，再慢慢的引導，而不是踹他一腳。

小咪 (性情剛烈的菜鳥)：我真的受夠了！我們經理真是個大豬頭！

大汪 (個性穩重的老鳥)：小咪，你怎麼這樣說經理呢？他人很好的，你這樣說他太不公平了。我不希望以後再聽到這樣的話。

結果：小咪以後應該不會再在大汪面前批評經理了 (被摧毀)。但他心中，更加堅定的相信，經理是個不折不扣的大豬頭 (沒有改變)

時光倒流，換個說法重來一次，結果可能會不同。

小咪：我真的受夠了！我們經理真是個大豬頭！

大汪：小咪，我剛進公司的時候，也很受不了經理講話的方式，真的很不中聽。可是後來我發現，這個人有話就直接說，不會陰你。現在人心險惡，能這樣也不容易了。你要不要考慮換個角度看他？

結果：不保證小咪立刻大徹大悟，一夜轉性。但請大家體會一下，如果你是小咪，是不是有機會開始改變？

大汪用的就是「先貼近，再移轉」。「我剛進公司的時候，也很受不了經理講話的方式，真的很不中聽」，這是在貼近，拉近兩人的距離。「可是後來我發現，這個人有話就直接說，不會陰你。現在人心險惡，能這樣也不容易了」，這是提出不同的觀點，開始逐步移轉。

再來談兩個人性。

> 人性一：人最喜歡自己，其次喜歡和自己相像的人
> 人性二：人不會認錯，會認錯的不是人，是聖人

➹ 人性一：人最喜歡自己，其次喜歡和自己相像的人

人除了自己之外，最喜歡誰？通常是孩子，父母。為什麼？原因之一是因為，他們是和我們最相像的人。工作上遇到同所學校畢業的學弟學妹，往往多幾分照顧之心。為什麼？因為他們和我們比較像。

有人說人生的人際關係，不外乎「五同」。就是「同宗」、「同學」、「同事」、「同鄉」、「同好」（親戚算同宗，鄰居是廣義的同鄉）。想想還真的是這樣。這些關係的共同點，就是一個「同」字。有相同點，才容易有親近的關係。相反的，非我族類，其心必殊。

所以遇到反對意見的時候，第一件事就是要讓對方認為你和他是同一國的。至於如何讓對方覺得我們和他是同國的，我們在後面的「一個公式」裡會說明。

➹ 人性二：人不會認錯，會認錯的不是人，是聖人

為了說明這點，我們繼續以前面志明被 K 的情況當例子。

主管：「志明，你剛剛提到的第三點，那個數字是 3 還是 6 ？」
志明：「是 3 ！」

主管：「怎麼可能是 3 ？你們算這些數字的時候，腦袋到底在想什麼？這數字明顯一看就高得離譜嘛！」

我們如果經過志明的解釋，主管發現真的錯怪志明了。請問以下主管的這兩種反應，哪一種比較可能發生？

反應一：主管：「志明，真是對不起！是我錯怪你了。我以後一定先好好聽完你的說明，才做評論。不好意思喔！」

反應二：主管：「志明，不是我說你，你每次事情都說得不清不楚。難怪大家會誤會。以後講話要有邏輯，不要浪費大家的時間，知道嗎？」

我想有點江湖閱歷的，應該都會選「反應二」。反應二裡面還有黑暗面。明明就只有主管自己聽不懂，他還拖大家下水，說難怪「大家」會誤會。

所以遇到反對意見，請忘掉要讓對方認錯的念頭。因為這年頭聖人即使還沒有絕種，也算是保育類動物。要拚對方是聖人，勝算太低。思考的重點在保全對方面子，讓對方在不必認錯的前提之下，能夠改變想法。有了兩個原則，兩個人性當基礎。算是有了基礎的「內力」。

但真槍實彈交火時，恐怕體內真氣亂竄，不好控制。所以最後再給一個公式做總結。有了這個公式，上場衝鋒陷陣就方便得多了。公式很簡單，就是三個 F，分別是 Feel，Felt，Found。

處理反對意見的公式：3F。 Feel，Felt，Found

Feel（感覺）：

表達理解對方的想法，感受。運用「人最喜歡自己，其次喜歡和自己相像的人」的人性，和對方變成同一國。

例句：

1. 我了解您的意思
2. 我知道你覺得……
3. 對啊！正如您所說的……

Felt（Feel 的過去式，過去的感覺）：

繼續將「人最喜歡自己，其次喜歡和自己相像的人」的人性發揚光大，鞏固戰果。分享我也曾經跟你有一樣的想法、感受。用來證明我真的和你是同一國的，不是為了討好你而鬼扯出上面那一個「Feel」。

例句：

1. 我以前也這樣認為
2. 我也有這種經驗
3. 也曾有客戶提出過類似的疑問

Found（發現）：

你的想法沒有錯，不但沒有錯，而且根本就和我原本想的一樣。但是我後來想法改變了。因為我發現什麼事實、得到什麼資訊、換了什麼角度來看事情。而那個事實、資訊或角度是你還不知道的 — 親愛的聽眾，你沒有錯，你只是還沒有得到某個關鍵資訊而已。不用說，這裡用的是人性二，「人不會認錯，會認錯的不是人，是聖人」。

例句：

1. 後來我發現了……
2. 經過……以後，我才知道……
3. 後來發生……之後，我們的客戶才體認到……

Feel 和 Felt 運用「人最喜歡自己，其次喜歡和自己相像的人」的

人性，和對方成為同一國。

Found 用運用「人不會認錯，會認錯的不是人，是聖人」的人性，讓對方不需要認錯就可以改變立場。

那麼這 3F 和前面所提的兩個原則有什麼關係呢？現在，如果要聰明的大家回答以下問題，應該是輕而易舉了吧？

Feel 和 Felt 是用來處理「心情」還是「事情」？
答：心情

Found 是用來處理「心情」還是「事情」？
答：事情

Feel 和 Felt 是用來「貼近」還是「移轉」？
答：貼近

Found 是用來「貼近」還是「移轉」？
答：移轉

只要做好前面的兩個 F，「有問題」通常就很容易變成沒問題；如果再加上第三個 Found 的資訊夠正確、夠有力，能使對方信服，就很有機會進化成「加分題」。

在結束這個段落之前，關於第三個 F，Found，有兩點要特別強調。

1.Feel 和 Felt 是處理心情，只要練習充分，可以靠臨場反應來即席演出。但是 Found 要處理的是扎扎實實的事情，就不能硬掰了。所以準備簡報時，就要先考慮什麼樣的問題是最容易被問到的必考題，然後小

抄先給他傳好。我們在問答題型的簡報結構，SIQS+5W1H，中談過，簡報通常都有要害。要害也就是最被關注，最會被問到的點。所以要為這個 Found 找題庫，不用說，要害當然就是最好的切入點了。

2.「在企業裡，形容詞通常等於廢話」。這個 Found 出來的東西，如果又是形容詞，那只是廢話 x 2，還是廢話。如果想要讓這個 Found 既有殺傷力，又有穿透力，建議從兩個方向下手：數字與案例。直接看例句比較有感覺。

(1) 數字：
「後來，我發現我們公司的產品都經過嚴格的測試。因此才敢這麼有信心的向您推薦」(弱，很弱)

「後來，我發現我們公司的產品，出廠前要通過 72 小時的拉力測試。因此才敢這麼有信心的向您推薦」(強，很強)

(2) 案例：
「後來，我發現我們的客戶使用後效果都非常好，因此才敢這麼有信心的向您推薦」(弱，很弱)

「後來，有位住台中市文心路的客戶親口告訴我，他的血壓真的就從 180 降到 120，因此我才敢這麼有信心的向您推薦」(強，很強)

其實在上面的例子中，要以單一個案來證明全面性的效果，以嚴謹的邏輯來說是站不住腳的。但是，這就是人類。一個活生生的案例勝過層層疊疊的形容詞。誰說人是理性的呢？

3F 例句專區

例句 ❶

客戶：你們報的這個價格，簡直是貴得太離譜了。

業務：

Feel：我非常可以理解，您現在一定覺得我們的價格非常的高。

Felt：其實我當初要送出這份報價單的時候，我也再三向我們的產品經理確認，因為價格的確比一般市面的行情高不少。

Found：但是後來經過我們產品經理的說明，我才發現，原來這次為了因應您提出的高溫工作環境的需求，很多零件必須使用特殊材料。比方說，我們必須將外殼換成特殊的材料 ACE2579(案例)，而這樣一來，光外殼的成本，就會增加 12%(數字)。

例句 ❷

主管：你們老是動不動就說要增加廣告預算，你們當我是提款機啊？

部屬：

Feel：老闆，我知道你聽到我們要追加一百二十萬廣告預算，一定會認為我們是來亂的。

Felt：上個月底我們剛聽到廣告公司建議我們追加一百二十萬廣告，我也狠狠修理了他們一頓。

Found：但是後來小張和我上星期五花了一整天仔細分析他們提出的市場調查報告後，發現我們在花蓮台東地區的市場潛力高達六千萬以上 (數字)，但目前卻完全沒有任何的廣告覆蓋。於是我們才敢提出這樣的請求。

例句 ❸

老婆：早就說好這個春假要全家去台南玩的，你怎麼又說公司
有事要加班呢？你到底有沒有把我們放在心上啊？

業務：

Feel：老婆，我知道妳聽到我春假要加班，不能去台南了，一
定會認為我不在乎妳和孩子。

Felt：當我聽到公司因為日本這個大客戶要來，要我們取消
休假時，我也是百般不情願，覺得老闆真的是在奴役我們。

Found：但是後來老闆說，如果可以順利拿下日本客戶這個案
子，他承諾加發業績的 2% 當我的獎金。這樣一來，我們就不
只可以去台南玩，連日本東京迪斯耐樂園都不是問題了。兩個
孩子不是一直想去迪斯耐樂園嗎？我就是為了這個才跟他拚了
的啊！

最後這個例句要特別說明一下。誠信是最好的溝通。沒有
誠信，技巧再高明也是枉然。如果這位老公晃點家人的前科累
累，這一招也救不了他。

· 步驟四：確認回答是否被接受

這步驟得分兩種情況，平常模式和緊急模式。先說平常模式。

平常模式的基本句型：
不知道這樣有沒有回答您的問題？

這樣問，是為了確認聽眾的問題解決了，滿意得到的答案。也就是不讓聽眾帶著疑問回家。

當然，如果十個人提問，每個問題最後都要反問：這樣有沒有回答到您的問題？有時也會顯得太過刻板又生硬，只能說，標準步驟只是步驟。如果你夠熟練，靈活變化，只要達到同樣的效果，中間的步驟不太一樣也沒關係。

緊急模式則是指，發現再糾纏下去會愈搞愈大、愈搞愈糟。這時要斷尾求生、設定停損的做法。

緊急模式的基本句型：

希望這樣有回答您的問題。如果還有進一步問題的話，我們會後可以再深入討論。

文字看起來差不多，但重要的分別是，緊急模式用敘述句結束，關起當場再往下討論的門，但同時再開一個會後繼續討論的窗。聽眾這時可能還不滿意，但是畢竟沒什麼深仇大恨，也就只能勉強接受。

需要動用到緊急模式，通常原因有兩個：

1. 簡報的場子不是只有簡報者和提問題的人，現場其他聽眾的時間和興趣都要照顧。如果這個問題只和提問者本身有關（比方說，啊老師喔！你覺得我應該和我的小姑怎麼說才能讓她搬出去住，又不傷感情……），其他人不感興趣，這時就要替天行道，以免其他人覺得無趣。

2. 發現來者不善，再和他過招下去，會傷害到簡報的目的。這時敵暗我明，先求脫身，下了台了，再好好圖謀將來。

平常模式的基本句型：不知道這樣有沒有回答您的問題？

緊急模式的基本句型：希望這樣有回答您的問題。如果還有進一步問題的話，我們會後可以再深入討論。

在結束步驟四之前，還有一個很重要的觀點要提醒。回答簡報問題的場子，人多時間短，不是探討真理的好時機。最重要的是安全漂亮的下莊，最忌諱的是和聽眾槓上，死纏爛打。雖然柯南說「真相永遠只有一個」，有人說「真理愈辯愈明」，但在那時候，請你一定要忘掉這兩句話。再說一遍：

回答簡報問題的場子，最重要的是安全漂亮的下莊！

好了，讓很多簡報者擔心害怕，看起來很棘手的回答問題，拆解成這四個步驟之後，只要慢慢揣摩，多加練習，應該修成正果只是早晚的問題了。

check 有時候，你「怎麼說」比你「說什麼」更重要

在第四章及第五章，我們的重點是上台時要說什麼。但人生的現實是，很多時候，你「怎麼說」比你「說什麼」更重要。請看以下的例子：

男生：妳愛我嗎？
女生：人家最討厭你了！（嬌羞狀）

你覺得這女生愛這男生嗎？

女生：你愛我嗎？

男生：愛啦！愛啦！妳知道我是愛妳的嘛！（低頭繼續玩手機）

你覺得這男生愛這女生嗎？

同樣的話，不同的表達方式，可能有完全不同的意思與效果。

接下來的第六章，我們要談如何把我們深思熟慮的意念，好好的包裝，呈現給聽眾。也就簡報的第四步驟：視聽效果。

MEMO 記下想到的點子

步驟三　主體結構

步驟四　視聽效果

步驟五　事先演練

重點整理

★ 簡報的主體分成三種類型：是非題，選擇題，問答題。

是非題：針對一件事，評論好或不好，告知做或不做。

選擇題：透過比較，評比優缺，給予二選一或多選一的建議。

問答題：指出一個問題是真實存在的，再提出一個解決的方案。

★ 什麼是強力的開場？直接告訴你的聽眾！～，你要他們「做什麼」或是「不做什麼」

★ 簡報就是要針對要害用力的打！

★ 如果「優勢符合我的需求」，那就叫效益，如果優勢不符合我的需求，那就只是優勢而已。

★ 真正讓人動心的是效益！但利益放前面更吸引人！

★ 遇到反對意見時，第一件事就是要讓對方認為你和他是同一國的。

重點整理

一流員工解決問題：

老闆、老闆，事情不好了！我發現事情的原因是什麼，我建議有兩種方法可以解決，老闆你選哪一個？

MEMO 記下想到的點子

CHAPTER
6

步驟四 視聽效果

有時候你怎麼說，比你說什麼更重要。

簡報是一場聲光秀。

一般來說，簡報聲光效果的來源有兩個：簡報者，以及用 Power Point 軟體做出來，透過投影機打在銀幕上的 PPT 檔投影片。

簡報者和 PPT 檔哪一個比較重要？當然最好是相輔相成，有聲有色。但如果要分出個主角配角，那毫無疑問的，主角一定是簡報的人。如同第一章說過的，簡報者如果淪落到只是上台唸 Power Point，然後唸完後下台一鞠躬。那就不如直接寄 PPT 檔給聽眾就好了。

功力高的人，的確可以不靠 PPT 就做出一場精采的簡報。但這種功力需要經年累月的鍛鍊，再加上一點天賦。我們都是凡夫俗子，用工具不丟臉，丟臉的是有工具不好好用。

視聽效果用得恰當，簡報就錦上添花

接下來，就分別說明簡報者上台及製作投影片時，要注意的原則及技巧。

check 簡報者的魅力

談簡報者的「視聽效果」前，先來看兩個例子。

例一：男孩問女孩：妳愛我嗎？
女孩回答：死相，幹嘛問這種問題，你好討厭喔，最討厭你了！

女孩臉蛋酡紅、語氣嬌羞。她的字面上是否定的，男孩接收到的訊息卻是肯定的。

例二：女孩問男孩：你愛我嗎？

男孩回答：愛啦！愛啦！怎麼不愛？

男孩說這話的時候，頭不轉，眼不移，緊盯電視。他的語氣冷淡、表情冷漠。儘管內容是愛，但女孩接收到的訊息就是否定。

一樣的字詞組合，相同的字面詞意，但透過聲調和態度的不同，別人接收到的意義也會完全不同。

地球人的行為**心理學有所謂「7／38／55 定律」**。這是決定別人喜不喜歡你的魔法數字，也是為什麼在五個步驟中要有這個步驟的原因之一。

根據學者 Albert Mehrabian(亞伯特・馬拉賓) 的研究，溝通影響旁人對你好感的三大元素，比重分別是：

內容：7%。所說的內容
語調：38%。聲調、語氣
肢體：55%。表情、肢體動作

意思是，如果你希望別人喜歡你，說話內容再得體，最多只能拿到 7 分。要贏得好感，另外語氣的 38 分及肢體的 55 分，一定要好好把握，否則一定不及格。

這個理論也許你不是第一次聽到，它的確很有名。但同時也有人說這是被錯誤引用及解讀次數最多的一個理論。很多人錯誤的解釋為：

溝通時，內容的重要性只佔 7%，其次重要的是語氣佔 38%。肢體動作最重要佔 55%。

如果依照這個觀念的話，那我們前面何必花長篇大論在講簡報的內

容？反正最多只有七分。

由於錯誤引用多到一個不行，亞伯特・馬拉賓本尊也看不下去了，親自公開現身說：「除非這個溝通本身談的是有關於感受面或是態度面，否則不應該應用這個公式。」（Unless a communicator is talking about their feelings or attitudes, these equations are not applicable.）

所以讓我們用白話文再說一次，這個理論真正的意思是：別人對你的印象好壞，以及信任程度，有 55% 決定於你的肢體動作及表情，38% 決定於聲調及語氣，而你說話的內容，只影響了 7%。也就是，你說的都對，但是我就是不喜歡你，怎樣？咬我啊？

一個人所謂的有「大將之風」，或「上不了檯面」，非語言的視聽效果，佔了很大的決定因素。

市面上有很多「台風」教學工具書，我相信網路上也很多。如果我淨講一些 Google 大神可以解答的事就來出書騙錢，我覺得有點對不起自己的良心。所以這部分不求量多完整，但每點都是我自己實務上的心得與經驗，分享給大家參考。

我們就「從頭講起」，說一說「眼睛」、「手」、「腰」、「腳」四大部分。最後，再加上對「聲調」的一些探討。

一、眼睛

媽媽從小告訴我們，說話的時候要看人。孟子說：「聽其言也，觀其眸子，人焉廋哉！」白話文就是只要瞪著你的眼睛聽你說話，你肚子裡有什麼壞東西統統藏不住。所以一場簡報要達到良好的溝通效果，一定要有眼神接觸。和聽眾的眼神交會，能讓他覺得自己受到重視，他會更願意聽你說話，對簡報內容的吸收效果更好。

台上的原則：永遠面對你的觀眾

那具體來說，眼睛要怎麼看呢？這可以分成大場子、中場子及小場子。我們先從簡報最常碰到的場合，中場子說起。

❶ 例句

這種場合，人數大約三十位以內。坐前面的聽眾，伸手可及。坐最遠的，瞳孔幾乎看不清楚了，但依稀還可以看到靈動的兩個黑點。

既然還看得到瞳孔，聽眾就會有期待，期待和你有眼神交會。眼神交會的定義是：在某一個時間裡，你們兩個人對望，瞳孔的視線交疊。

在中場子的整場簡報中，你必須要盡可能跟「每一位聽眾」有「對看」到。對看的時間不用長，如果你一定要我給個具體時間，我會說：「大約一秒鐘。」如果你要再追問一秒鐘有多長，總不能要台上的人拿著個碼錶邊看聽眾的眼睛邊計時吧？我會說「一秒鐘」就是「一秒鐘」。也就是，你說「一秒鐘」這三個字的時間，大約就是「一秒鐘」。一般人說話的時間平均大約一分鐘 180 個字。除下來，就是大約一秒鐘說三個字。

只要大約維持看一個人說三個字的速度，然後在簡報中掃瞄完全場，這部分就做得八九不離十啦！

要特別強調的是，自然最重要。只要把握「永遠面對你的觀眾」這個原則，其他的細節僅供參考，不用死抓不放。

❷ 大場面

這種場合只能看到觀眾的人頭，但看不到細部表情，例如大型行銷活動。

你看不到觀眾的眼珠，觀眾也看不到你的，所以觀眾不會期望目光的交流，眼睛有點到就可以。

基本原則是將會場用井字劃分成九宮格區塊，把視線靈活而平均的落在各個區塊裡就可以了。喔，如果場合大到另外有攝影機邊拍邊放大投影，別忘了，眼神偶爾也要照顧一下攝影師。

❸　小場子

　　場地小、人數少，也許只有一兩位。觀眾基本上就在你鼻子前方不遠處。例如公司的會議。

　　長時間看對方的瞳孔，會讓人有不舒服的壓迫感。建議這時候看著對方的人中說話，效果不錯。既不會有壓力，也感到被重視。

二、手

　　兩隻手沒事的話讓它們自然放下來就好，不要來亂。但是手常常會有事，因為我們需要手來加強語氣。

　　手勢多寡和個性有關，沒有一定，還是一樣的原則，「自然就好」。以下幾個情況，可以考慮加一下手勢。

　　動詞：比如說「提高」時，手心向上，做出向上捧起的姿勢。
　　形容詞：比方說「精細」時，大拇指與食指相扣，象徵細小的感覺。
否定詞：叫人家不要做某件事時，可以左右搖搖手或是在空氣裡畫個叉。

三、腰

　　腰只要「定住不動」就可以了，不要像個鐘擺一直晃動，會干擾聽眾的視線和心情。

四、腳

　　腳的基本動作是舒服的微微打開，以能輕鬆站立為原則，不要超過肩寬。

女生如果想顧及優雅形象，可以腳跟靠攏，腳尖微開。

男生常見的問題則是三七步。三七步就是身體的重量三分在一隻腳，七分在另一隻腳。這個姿勢人會傾斜一邊，看起來比較輕浮。

結束台上肢體動作的說明之前，最後提醒一個原則。

台上的原則：動作宜大不宜小，宜慢不宜快。

在台上，只要動作做大、做慢，就像是表演的一部分。相反的，動作小而急促，就容易被解讀為緊張、不安。

一些用手指纏繞髮尾啊、雙手交握兩只大拇指互相打轉啊，這類沒有意義的小動作要避免，因為會干擾聽眾的視線、讓人分心。

有時候難免會有意外情況。例如：白板筆掉了，滾了三步遠。這時跨大步慢慢靠近，大方從容的撿起來，就叫臨危不亂。如果鬼鬼祟祟的去撿，像是害怕被發現，這樣就很弱了。

「動作大而慢就落落大方，小而快就顯得猥瑣」這個現象符合人類一般的經驗。但為什麼如此，其中的原理很耐人尋味。我不是人類行為的專家，在此提出一個假說，也許能幫大家記憶及運用這個原則。我強調，只是假說，不負任何的學術責任。

猴子是群居的靈長類動物，人類也是。猴群階級鮮明，尊卑之分極嚴。猴王地位崇高，有吃的他先吃，後宮后妃成群，沒有其他猴子能威脅他。自我感覺如此良好的情況下，有什麼事不能慢慢來？所以猴王都是端坐山頭，好整以暇。行為模式總結起來就是「大而慢」。

地位低下的小猴子就不一樣了。吃不飽，也難得有機會偷來一下，好繁殖後代。所以只好每天探頭探腦，東張西望，看能不能撈點便宜，佔點好處。這就是「小而快」。以上假說正確與否不重要。重點是請記住「宜大不宜小，宜慢不宜快」的原則。

台上的原則：能站著做簡報，就不要坐著！

再多說一句就好。「能站著做簡報，就不要坐著」。因為人類在仰望一個人的時候，會覺得這人比較專業，有份量。為什麼？我們剛剛才給過線索，其他請你自己想！

五、聲調

有人天生音質珠圓玉潤，讓人悠然神往。有人聲音有氣無力，叫人昏昏欲睡。音色的好壞，似乎就像外表一樣，全憑老天爺的一念之間，沒得選。

聲音的確需要一點點天份，音質乾淨與否、咬字清楚與否。但是仔細分析起來，「聲調」不外乎「高低」、「快慢」、「間隔」三個元素。一樣可以分解，分析，一樣可以透過練習，讓聲調更有變化，找出自己聲音的獨特魅力。

就像導演吳念真，要他說話字正腔圓、渾厚扎實很困難，但他的聲音一從電視機裡傳出來，辨識度高、感染力也強。即使有台語腔，ㄗㄓ不分、ㄢㄤ難辨，卻變成討人喜歡的特色。

讓我們試著練習用不一樣的「聲音表情」，表達以下這句話：

我剛剛在街上看到一隻狗。

不同的情況，情緒和語氣肯定完全不一樣，運用想像力吧！

我剛剛在街上看到一隻狗 → 喜，看到了一隻超級可愛的小狗
我剛剛在街上看到一隻狗 → 樂（興奮），跟一隻可愛小狗玩得很開心
我剛剛在街上看到一隻狗 → 怒，看到一隻狗衝過來想咬你
我剛剛在街上看到一隻狗 → 恐懼，一隻狗衝過來咬你，而且你被咬了
我剛剛在街上看到一隻狗 → 哀，看到了一隻狗，但是牠出了車禍

練習的重點，就在於調整唸句子時的「高低」、「快慢」、「間隔」。

聲音的運用，是門大學問，大家有興趣再深入鑽研。今天，我們就談到這裡。

簡報投影片

現在我們已經很難想像做簡報不使用 Power Point 軟體加投影機。除了站在台上的你，聽眾的視覺焦點就是投影幕上的簡報檔。

關於投影片，我們分兩方面來談。一個是如何製作；一個是如何解說。

一、投影片的製作原則

這本書不是教人如何使用 Power Point 軟體。所以關於投影片，我們只談製作的原則。

Power Point 檔是道具，不是劇本。先寫好劇本再來準備道具。

「Power Point 檔是道具，不是劇本」，這個觀念簡單卻總被忘記。

很多人一講到要做簡報，二話不說，馬上就打開電腦做 PPT 檔，這絕對是錯的。就像拍電影片一樣，第一件事不會是做道具，先找好劇本應該比較重要吧！

什麼是簡報的劇本？簡報五大步驟的第一到第三步驟，就是在寫劇本。

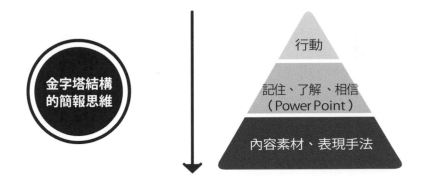

金字塔結構
的簡報思維

行動

記住、了解、相信
（Power Point）

內容素材、表現手法

上面這張圖，在第二章已經看過了，但因為實在很重要，所以要再拿出來複習一次。你希望觀眾聽完簡報後的行動，是簡報的目的（簡報第一步驟）。投觀眾所好，調整簡報的口味是第二步驟。

如何讓觀眾有條理，有系統，理所當然的接收你給他們的訊息，可以用第三步驟的架構。這些事情都想清楚了，劇本才算寫完。這時再動手做 PPT，才能事半功倍。

沒有劇本就做出來的 PPT 檔，不知所以，不知所云。即使美工再如何精緻用心，也是有肉體沒靈魂。相反的，如果思路順暢，編劇用心，

哪怕只有幾張簡單的投影，也可以打動人心，達到目的。

把 PPT 當成劇本，還有一個大問題是會減弱臨場隨機應變的能力。簡報現場的狀況千奇百怪，什麼事都可能發生。觀眾未必乖乖聽你講完。說不定到一半就打斷簡報問問題，也可能要你跳過中間的說明，直接講結論。這時候如果劇本清楚的話，不管 PPT 如何翻來跳去，條理不會亂。但如果死抱 PPT 當劇本的話，要臨時脫稿，就會手忙腳亂了。

以這個觀念當基礎，接下來做 PPT 檔時，就只有四個簡單的大原則：VERA。Vera 是英文中女性的名字。在這裡代表四個英文字的字首。這樣做，一樣是為了幫助大家記憶。

> Visible（看得清楚）
> Errorless（內容正確）
> Relevant（資料切題）
> Attractive（引人注意）

四個原則分別說明如下：

1. Visible（看得清楚）：

(1) 除非有必要，字體不小於 24 號字

多大的字才看得清楚，當然不一定。視場地大小，設備好壞，還有觀眾的眼力而定。但一般而言，24 以下的字體，風險比較大，觀眾很可能看得眼睛花花。

(2) 只放關鍵字或要點

Power Point 這個軟體，開宗明義，就是要我們寫 point，不要寫完整的句子。如果要寫完整的句子，直接用 Word 軟體好了。看一下以下的兩個例子。

騎自行車的好處　　 騎自行車的好處

　　自行車鍛鍊的好處是不限時間、不限速度。騎自行車不但可以減肥，而且還可使身材勻稱。由於自行車運動是需要大量氧氣的運動，所以還可以強化心臟功能。同時還能防止高血壓，有時比藥物更有效。騎自行車壓縮血管，使得血液循環加速，大腦吸收更多氧氣，會覺得腦筋更清楚。騎在車上，你會感覺十分自由且暢快無比。它不再只是一種代步工具，更是愉快心靈的方式。

- 自由自在
- 腦筋清楚、心情暢快
- 強化心臟功能
- 防止高血壓
- 身材勻稱
- 代步

　　如上圖，左邊的簡報頁字太多，沒有重點，遠不如右邊的清楚。左邊的簡報頁還有一個副作用是會引誘觀眾逐字去讀簡報頁上的字。而當觀眾開始讀的時候，也就沒有人聽你講話了。

　　2. Errorless（內容正確）：

　　嘴巴說錯話，情有可原，畢竟吃燒餅沒有不掉芝麻的。只要即時更正，善用幽默感也許還能博君一笑。但是簡報檔上出現白紙黑字的錯誤，很難讓觀眾不對你的專業與用心打折扣。影響自己的專業形象、損及客

戶或老闆對你的信任感，問題可就大了。

網路時代，不管什麼主題，只要上網幾乎都能找到一堆參考資料，可說資料氾濫成災，但不管取材資料來自於哪裡，一定要查證確認。至於不要有錯字，那當然是基本要求了。

3. Relevant（資料切題）：

網際網路發達後，這年頭做投影片，只怕材料太多，不怕材料太少。問題是，過多無關的內容不但不能加分，反而成為簡報的負累。這裡所謂的相關，不是與「題目」相關，而是與「目的」。題目與目的的分別第二章已說得很清楚，這裡只是再次提醒。與目的無關的素材，不管再怎麼可口誘人，也請輕輕放下，不要貪多。

Power Point 的動畫功能簡單又好用。但我要建議大家小心使用，過度服用，真的有害健康。常看到簡報時，銀幕上重複跳動著製作者用心良苦，但卻莫名其妙的動畫畫面。除了讓觀眾分心之外，感受不到任何好處。動畫不是不能用，但還是請問自己，簡報的目的究竟是什麼，再做取捨。

4. Attractive（引人注意）：

投影片要引人注意，才能在最短時間內有效傳遞簡報者的訊息。而簡要的設計，通常最能引人注意。我認為歸納起來，簡要有三個要素：明確的訴求，簡單的背景，適當的留白。說來容易，但做起來還真需要一點藝術修養。坊間相關的書很多，這裡就不多說了。

二、解說投影片的原則

講解投影片時，抓住三個問題，應該就不會太離譜了。

> 1. 講解的是資料 (Data)，還是資訊 (Information)？
> 2. 聽眾關心什麼？
> 3. 所呈現的資料，與簡報的目的有什麼關聯？

這三點分別說明如下。

1. 講解的是「資料」(Data)，還是「資訊」(Information)？

觀眾期望簡報者給資訊，而不是在台上唸資料。資料與資訊最基本的差別就是「資訊」可以用來做決策，而「資料」不行。

用生活上的例子來說。如果你去鄉下玩，迷路了。迎面來了一位阿伯，你問阿伯說：

「阿伯，我迷路了。請問我現在人在哪裡？」

阿伯看了你一眼，說：「你現在站在一棵大榕樹下。」

阿伯說的就叫「資料」。完全正確，但沒辦法用來做決策。

換個說法。

「阿伯，我迷路了。請問我現在人在哪裡？」

阿伯說：「少年仔，你往前繼續走 50 公尺，就是郵局。如果你下一口路右轉，再往前走一下，就會到有名的廟口。你要去哪裡啊？」

對聽眾有用的關鍵，這才是資訊。

再以公司業績報告來說，你很可能對老闆說：

「老闆，我們上季營收台幣 39 億。」

這其實只是資料。

「老闆，我們上季營收台幣 39 億，比前一季增加 18%、比去年同期增加 25%，遠高於同業的平均成長幅度。」

　　這才是資訊。

2.聽眾關心什麼？

　　有人也許會說，可是我一向只跟老闆報所謂的「資料」，老闆聽了都心領神會啊！如果這樣的話，那唯一的原因就是因為「老闆英明」。39 億這個數字資料，在老闆腦袋裡，很快自動轉化成資訊：上季 39 億，相較前一季增多少、比去年同期增加多少、和競爭同業的比較又是如何。

　　但簡報的成果不能依賴觀眾的「英明」。

　　比方說，公司要向新的金主募資。上季 39 億元對新金主來講很可能沒有吸引力，因為他也許昨天才聽過另一家公司季營收高達 50 億。一定要點出：

　　「我們上季營收台幣 39 億，比前一季增加 18%、比去年同期增加 25%。遠高於同業的平均成長幅度。」這對金主來說才是有用的資訊，說明這家公司前途看好，值得投資。

　　可是，有人又要說，明明我的觀眾對這些背景訊息都很了然，根本不需要我再多說啊！這樣說也對。這就又要回到我們第三章，「分析聽眾」裡的原則之「知識」了。

3.所呈現的資料，與簡報的目的有什麼關聯？

　　聽眾對簡報議題的相關知識如果很豐富，背景說明的確可以輕描淡寫帶過。只要默契夠，「資料」都是「資訊」。總而言之，觀眾最大，能搞定他們就好。

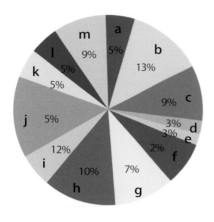

小學生學習障礙原因分析

a 沒有適合的文具
b 課程太難
c 老師教學手法無趣
d 沒吃飽
e 學校太遠
f 父母不重視
g 家中環境太吵
h 同學欺負
i 老師太兇
j 課程內容不引起興趣
k 覺得讀書沒有用
l 功課太多
m 要幫忙家事沒時間讀書

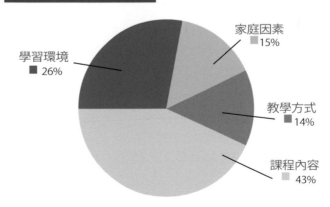

小學生學習障礙原因分析

家庭因素 ■ 15%
學習環境 ■ 26%
教學方式 ■ 14%
課程內容 ■ 43%

關於資料和資訊，最後再用兩張圖來說明，應該會更清楚。

左邊上面的這圓餅圖，數字密密麻麻，看起來很豐富，但是卻很難解讀，這叫資料。

下面的圖，已將左邊上圖的資料經過整理歸類，如果我們想改進小學生的學習障礙，至少有討論的架構，知道如何開始。

上面的圖當作補充資料，當作附件，都沒有問題。但要直接放在銀幕上來講解，說的人痛苦，聽的人心酸。

簡報既然叫簡報，就是「簡」單的「報」告，不該那麼複雜。我們必須先消化繁雜的資料，並轉成有用的資訊，再告訴我們的聽眾。跟主題沒有關係的資料，請一律不要放，那只是佔版面而已。

簡報文件製作只要把握「清楚」、「正確」、「切題」、「引人注意」(VERA) 四原則，就不會有什麼大問題。只要花點心思，用這些原則反覆檢視簡報作品，有朝一日必可修成正果。

至於台上的台風，如「和聽眾眼神交會」以及「說話聲調及肢體表現」等，則必須要透過反覆練習，才能自然發揮。如何練習，以及克服緊張的方法，下一章會有一些小技巧。

重點整理

★ 台上的原則：

　　1. 永遠面對你的觀眾。

　　2. 動作宜大不宜小，宜慢不宜快

　　3. 能站著做簡報，就不要坐著！

★ 簡報投影片的四大原則：看得清楚、內容正確、資料切題、引人注意

★ Power Point 檔是道具，不是劇本。簡報內容，先想好劇本比較重要，不要一開始打開電腦猛做。

★ 簡報聲調練習的重點，就在於調整唸句子時的「高低」、「快慢」、「間隔」

★ 投影片要引人注意，簡要的有三個要素：

　　▪ 明確的訴求

　　▪ 簡單的背景

　　▪ 適當的留白

重點整理

地球人的行為，心理學有所謂「7/38/55定律」
溝通影響旁人對你好感的三大元素，比重分別是：

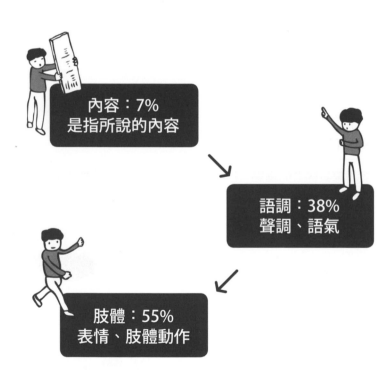

內容：7%
是指所說的內容

語調：38%
聲調、語氣

肢體：55%
表情、肢體動作

MEMO 記下想到的點子

CHAPTER
7

步驟五 事先演練

練習時，要時時看著鏡子裡的自己，
表情會不會太嚴肅、笑容有沒有太僵硬、
站姿是不是駝背、肢體動作會不會太小或過多，
反正姿勢再醜，除了你自己也沒有別人會看到，
所以，盡可能試著用各種方式練習吧，
一定會找到自然生動的表達方式。

正式開始第七章之前，讓我們先複習第一章提到，關於技巧的觀念。

「簡報是技巧。當一件事被稱為技巧時，有兩個層次的含意。

第一層次：這件事可以被拆解成分解動作

第二層次：這件事可以透過反覆練習而愈來愈純熟」

第一章到第六章，我們基本上講完第一層次，分解動作。這一章的重點，就是第二層次，練習。

游泳游得好不好，和教練教得好不好有沒有關係？當然還是有關係啦！否則什麼「國家級教練」的資格不就是唬爛了？但其實，真正的關鍵還是在學生上完課後，回家有沒有練。學生不練，再猛的教練也沒用。「藥醫不死病，佛渡有緣人」啊！

關於練習，我們談三件事。

一、準備簡報的檢查表
二、上台前的預演
三、克服緊張

 一、準備簡報的檢查表

我們將準備簡報的要點，整理成一張表格。為了版面的整齊美觀，放在本章最後面的附件。但要強調，照著清單把思路及簡報的內容結構檢查一遍，這是練習時最優先，也最根本的事。弄錯武功祕笈，不但練

不成絕世神功，還可能走火入魔。而且練得愈認真，死得愈難看。

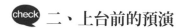 **二、上台前的預演**

　　想做一場完美的簡報別無他法，練習、練習、再練習。好吧，我承認聽起來有點老掉牙，但我們還是得承認，人老了真的會掉牙，同樣也得承認，「再三練習」的確是成功的不二法門，簡報也是一樣。

　　我這裡所說的再三練習，不是蒙著頭苦練，而是具體的指「對鏡練習＋找人練習＋默想練習」，不多不少，正好三個階段的練習。認真執行這三階段的練習，簡報應該十拿九穩了。

　　❶ **對鏡練習**
　　所謂對鏡練習，就是對著鏡子（最好是看得到全身的落地鏡），把要講的簡報內容，全本全套，不偷斤減兩的預演一遍。預演的同時，放個時鐘在身邊，精準測量簡報的時間。

　　聽說模特兒們在受訓期間，都會被要求自己在家對著鏡子，練習怎麼笑才笑得好看，包括：嘴角要上揚幾度、牙齒要露出幾顆、頭要偏左或偏右較上相等，一般人根本不會想到的小事。名模們在鏡子前面經過無數次的練習，修正錯誤，並且建立自信，最後在鏡頭前才能笑得優雅又美麗。對著鏡子練習做簡報，也是檢視自己儀態最簡單的方式，例如：下巴要抬高多少才不會對聽眾翻出白眼、又不會像是用鼻孔看人。

　　獨角戲，是透視自己優缺點的重頭戲。

練習時，要時時看著鏡子裡的自己，表情會不會太嚴肅、笑容有沒有太僵硬、站姿是不是駝背、肢體動作會不會太小或過多，反正姿勢再醜，除了你自己也沒有別人會看到，所以，盡可能試著用各種方式練習吧，一定會找到自然生動的表達方式。

　　「時間」也是練習的一環。演練時如果發現超時，就要減少和簡報目的關係比較小的內容。反之，如果時間太短，可以補充幾個跟目的相關的論點 (或笑點)，讓內容更豐富生動。

❷ 找人練習

　　當局者迷。當你唱足獨角戲，覺得對著鏡子練習夠久了、自己已經做好準備時，就可以找個「伴」來做簡報實戰練習。能找到和正式簡報的聽眾屬性相近的當然最好。但是我知道，這當然很難。退而求其次，老闆，同事，朋友，甚至老婆老公都可以。

　　找人練習的好處之一是：可以模擬突發狀況及問答。

　　一方面你可以請對方提出心得及建議，一方面你也可以從他聽簡報過程的反應，判斷內容是不是太枯燥、是否能引起聽眾興趣等，最後則可以進一步模擬，讓「學伴」針對簡報提問，有助於提早發現簡報架構是不是有缺失，同時也能事先對「聽眾可能會丟出什麼問題」有個概念。

　　總而言之，旁觀者的意見你未必要全盤接納。但旁觀者清，他們的見解能幫助我們掃除盲點。

❸ 默想練習

　　有一個高中時準備大學聯考的經驗，我印象很深刻，在此和大家分享一下。

大學聯考前的倒數三天，面對滿坑滿谷的課本，實在擔心自己是不是還有哪裡沒弄清楚的，但是要把書再重看一遍又已經不可能。當時，我把書一本一本拿出來放在眼前，不翻開，就用默想的。試著回憶：第一單元是什麼、內容大概什麼，第二單元又是什麼……想得起來的就跳過去，想不起來的就趕緊再讀一遍。

　　我只能說，真的有效。我最後還是沒考上第一志願，但已經跌破很多人的眼鏡。多年後的現在，我還記得那幾道當年因為這樣準備而答對的題目。其中有一題用到的口訣是「角平分線的題目，要用面積來解，……」

　　在大學聯考很多年後，我才知道我用的方法，原來和很多世界級運動選手的境界一樣高。聽說他們在比賽的前一天，常藉助打坐、冥想等方法，來放鬆心情。同時，這也是一種自我暗示。讓自己的神經、肌肉及意志，提早進入狀況。

　　默想時，用鉅細靡遺的方式，想像你走上台、拿起麥克風、看著聽眾、開始簡報……，中間在哪裡要停頓？哪裡要問觀眾什麼問題？哪裡要搭配道具或手勢。就是用「想像自己站在台上」的方式，進行最後重點式的模擬。這樣的練習，時間充裕的話，可以反覆練習。但如果時間很趕，至少在正式上台前一天要做一次，甚至臨睡前躺在床上閉著眼睛做也可以。有助於做最後的總複習，也有助於消除緊張。

　　經過對鏡、對人的反覆練習之後，簡報的準備理論上都已經完整。怕的只是臨時失常發揮不出平常的實力，失常的最大原因就是：緊張。

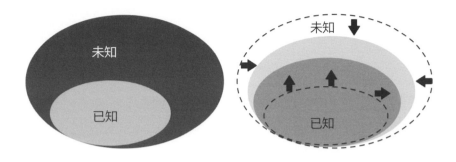

三、克服緊張

人為什麼會緊張？緊張多半因為未知。

緊張，多半來自於已知和未知之間的落差。

所謂的已知，指的就是自己做的準備工作及練習；未知，則是外在聽眾、環境等無法預期的變數。兩者之間的落差，就是壓力的來源；要避免緊張有兩種方法，一是擴大已知，二是減少未知。

反扣到前幾章節的內容，減少未知的方式不外乎多做功課、事先研究聽眾屬性及喜好等，擴大已知則是充實簡報內容、再三練習，這些基本功做得扎實，才有不緊張的本錢。

但是，還是常常有人會說：「啊，我緊張到昨晚整夜都睡不好。」

睡不好，其實剛剛好。

所謂的睡不好，就是「有睡著、沒睡好」，很可能雖然睡著了、可是一直擔心做不好。其實這種程度的緊張最剛好，壓力也是一種動力，會迫使你積極多做幾分事前準備，是好事。

如果這樣，你實在還是很緊張，最後有兩個比較賴皮的原則可以用。

原則一：緊張沒關係，不要被看出來就好。

原則二：緊張的時候要裝不緊張，裝久會變成真的。

當一個人心情難過時，他就會哭。這是很普遍的經驗法則：情緒會影響一個人的行為。不過事實上，行為也會反過來影響一個人的情緒。讓我們做一個小實驗：

請先試想這輩子讓你最難過的一件事。想好之後，請閉上眼睛、低下頭，專心地想著那件難過的事。在這同時，請給現在的心情打分數，五分代表最難過，一分代表最不難過。請記下現在的「難過指數」是幾分。

接下來，請張開眼睛，先平復一下心情。然後再次回想那件難過的事，但是，這次要仰起頭、深呼吸，而且不要閉上眼睛。請問現在的「難過指數」，又是幾分？

多數人會發現：第二次睜眼仰頭回想時，似乎真的沒有第一次低頭閉眼來得那麼難過。

近代心理學有個發現，Motion creates emotion（舉止影響情緒）。就像心理會影響生理一樣，我們可以反向操作，用生理的狀態來克服緊張情緒。弄假也會成真，假裝不緊張久了，就真的不那麼緊張了！

這原理給我們生活上的附帶啟示就是人倒楣的時候千萬不能垂頭喪氣，更要抬頭挺胸。因為「帶賽」是種惡性循環。倒楣就垂頭喪氣，垂頭喪氣就心情更不好，心情不好就氣場愈弱，氣場愈弱就更加倒楣，……。

回到主題。所以我們要先了解不緊張的人是什麼樣子。這不難，因為我們都有很多不緊張的經驗，你閉上眼睛就可以看得見那副德性。上台前，提醒自己：抬頭挺胸、腰桿打直、下巴稍微抬高 5 度，要帶著微笑，然後「看似有信心地」走上台。就算拿著麥克風的手有點發抖，沒關係，別人看不出來的，把呼吸放慢，然後開始說話。

　　說穿了，簡報追求的也不過就是「台上十分鐘不穿幫」。練久，撐久，就是你的。

這本書要結束了，很開心，也有點不捨。有一個我在課堂上常問學員的問題，現在你可以拿來反問我了。那個問題就是：

如果聽你簡報的聽眾，晚上回家睡覺前回想說：「喔！我今天聽了一場簡報，這簡報到底在說些什麼呢？」有哪幾點是你希望他們回想起來時，一定要記住的？

聰明又加上有本書加持的讀者，應該知道我在問的，其實就是這一場簡報的簡報要點 (Power Points)。所以這本書的 Power Points 是什麼呢？

只要大家能記住：

成功簡報的六大要素，TAIWAN，還有準備簡報的五大步驟，我就覺得**夠**本了。各位讀者就像簡報的聽眾一樣，都是繁忙的現代人，每天要處理的資訊太多。對記憶力，標準不能定太高。

T
Target
（目的）

I
Interaction
（互動）

A
Audience
（聽眾）

A
Attitude
（態度）

W
Will
（意志）

N
Noticeable
（引人注意）

重點整理

★ 簡報練習，我們談三件事。

　一、準備簡報的檢查表

　二、上台前的預演

　三、克服緊張！

★ 想做一場完美的簡報別無他法，練習、練習、再練習。

★ 找人練習的好處之一是：可以模擬突發狀況及問答。

★ 對著鏡子練習做簡報，也是檢視自己姿態最簡單的方式，例如：下巴要抬高多少才不會對聽眾翻出白眼、又不會像是用鼻孔看人。

★ 「時間」也是練習排演的一環。演練時如果發現超時，就要減少和簡報目的關係比較小的內容。

重點整理

再三練習，不是蒙著頭苦練，
而是具體的指「對鏡練習＋找人練習＋默想練習」，
不多不少，正好三個階段的練習。

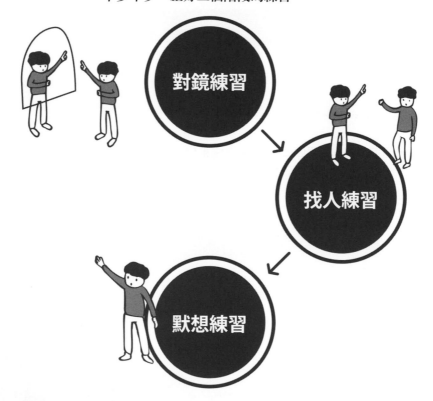

附件

準備簡報檢查表

對鏡練習	重點提示	準備要點
步驟一 **訂定目的**	1. 簡報的題目≠簡報的目的	1. 目的的主詞是誰？ 2. 要這個主詞做什麼事？ 3. 簡報的要點是什麼？
	2. 所有工作上的簡報，都應該是說服性簡報	
	3. 說服性簡報的目的： 目的＝主詞＋動詞	
	4. 金字塔結構的簡報思維： ❶ 目的 ❷ 簡報要點 ❸ 內容素材、表現手法	
步驟二 **分析聽眾**	1. 聽眾的決策角色： ❶ 決策者 ❷ 目標聽眾 ❸ 參與者 ❹ 旁觀者	1. 誰是決策者？ 2. 決策者的個性、態度、職位、知識各別是如何？決策者身處的環境，有什麼要特別注意的因素？
	2. 聽眾的屬性： ❶ 個性 ❷ 態度 ❸ 職位 ❹ 知識 ❺ 環境	

	1. 商務訊息的要素： ❶ 問題 ❷ 答案 ❸ 行動	
步驟三 **架構內容**	2. 簡報的內容架構： ❶ 開場白 ❷ 簡介 ❸ 主體 ❹ 結論 ❺ 結語	1. 簡報連結到什麼聽眾在乎的問題？ 2. 開場白與簡介，各別是什麼？ 3. 簡報主體適用是非題、選擇題或問答題的哪一種題型？還是有另外的構想？ 4. 簡報結束後，聽眾可能提出什麼問題？或是什麼反對意見？ 5. 針對以上問題或反對意見，要如何處理？
	3. 簡報的主體： ❶ 是非題 ❷ 選擇題 ❸ 問答題	
	4. 處理反對意見的 3F ❶ Feel ❷ Felt ❸ Found	
步驟四 **視聽效果**	1. 簡報者：注意眼、手、腰、腳，還有聲調	
	2. 製作投影片的原則： ❶ Visible　（看得清楚） ❷ Errorless　（內容正確） ❸ Relevant　（資料切題） ❹ Attractive　（引人注意）	1. 用原則檢視對鏡練習的結果 2. 用原則檢視製作的投影檔
	3. 解說投影片的原則 ❶ 給資訊不是唸資料 ❷ 了解聽眾關心什麼？ ❸ 所呈現的資料，與簡報的目的有什麼關聯？	
步驟五 **事先演練**	1. 對鏡練習 2. 找人練習 3. 默想練習	一定要預演

201

謝辭

感謝生命中，所有對我說的人。透過你們的話語，我解讀這世界。

感謝生命中，所有聽我說的人。因為你們的聆聽，我確認我的存在。

感謝木馬出版社的欣蓉，包容體諒這本一路寫來，幾度結巴辭窮的書。

感謝昱廷，我此生相知相隨的伴侶。

在我心慌意茫的時候，你用篤定的語氣輕聲告訴我，

「走下去，有我在！」

在我不知所云的時候，你無條件的點頭微笑，說「還有呢？」

為什麼要聽你說

作　　　者：林宜璟
編　　　輯：李欣蓉
木馬文化社長：陳蕙慧
副 總 編 輯：李欣蓉
行　銷　部：李逸文、尹子麟、姚立儷
讀書共和國社長：郭重興
發行人兼出版總監：曾大福
出　　　版：木馬文化事業股份有限公司
發　　　行：遠足文化事業股份有限公司
地　　　址：231 新北市新店區民權路 108-3 號 8 樓
電　　　話：(02)22181417
傳　　　真：(02)22188057
郵 撥 帳 號：19588272 木馬文化事業股份有限公司
法 律 顧 問：華洋國際專利商標事務所　蘇文生律師
印　　　刷：成陽印刷股份有限公司
三　　　版：2020 年 02 月
定　　　價：280 元

國家圖書館出版品預行編目 (CIP) 資料

為什麼要聽你說 / 林宜璟著 . -- 三版 .
-- 新北市 : 木馬文化出版 : 遠足文化發行 , 2020.02
　面；　公分
ISBN 978-986-359-767-4

1. 簡報

494.6　　　　　　　　　　　　　　106011874